Moderne Forschung entlarvt offizielle Erdgeschichte und Evolution als Lug & Trug!

Mehr als 14 unwiderlegbare Beweise, aus Hunderten von Forschungsberichten! Aber Medien & Öffentlichkeit bleiben hermetisch davon abgeschirmt!

Eine Rezension und Essay von H. König (dipl.Ing.ETH)

Widmung

Diese Schrift ist um der Wahrheit willen geschrieben,
um eine weltweite, nun schon mehr als hundertjährige,
rücksichtslose Kampagne und Hirnwäsche aufzudecken,
die auf Lug und Trug und vielen Fälschungen beruht.

Dieser Kampagne zur Verbreitung einer atheistischen Weltanschauung, wollen wir uns hier entgegenstellen,
durch Präsentierung der wahren Faktenlage!

Moderne Forschung entlarvt offizielle Erdgeschichte und Evolution als Lug & Trug!

Mehr als 14 unwiderlegbare Beweise, aus Hunderten von Forschungsberichten! Aber Medien & Öffentlichkeit bleiben hermetisch davon abgeschirmt!

Eine Rezension und Essay
von H. König (dipl.Ing.ETH)

Herstellung und Verlag
BoD – Books on Demand , Norderstedt

Bibliographische Information der Deutschen Nationalbibliothek
Die Deutsche Nationalbibliothek verzeichnet diese Publikation
in der deutschen Nationalbibliografie; detaillierte bibliografische
Daten sind im Internet über http//dnb.dnb.de abrufbar

Ihre ISBN lautet 9783734776168

_Umwerfende
geologische Evidenz
für Schöpfung und Sintflut,
aber gegen Evolution
und Historische Geologie!_

Moderne **Forschungen** in grosser Zahl,
widerlegen Evolution und
Historische Geologie!
Aber die Öffentlichkeit erfährt nichts davon,
das Evolutions-Establishment blockt ab!!!

Leichtverständlich und spannend!

Wir möchten in diesem Büchlein,
mit einfachen Worten,
die modernen Forschungsresultate, einer
breiteren Öffentlichkeit bekannt machen

Wir stützen uns dabei auf die Bücher,
Dok. 1 bis 4, unserer Dokumentation,
(alle 2 bis 3 cm dick)
und auf die DVD in Dok.5:
„Censured Science, the Suppressed Evidence"
(„Zensurierte Wissenschaft, die unterdrückte
Evidenz").

Es wird auch die Alternative vorgestellt,
die stimmt, **beweisbar stimmt:**
Der Biblische Bericht!!!

In dieser Schrift wird fast durchwegs die „Wir"-Form verwen-
det, weil „wir" uns einig wissen mit allen Menschen auf dieser Erde, die für Wahrheit und gegen Lug und Trug stehen!

150 Millionen Jahre alte Geschichte in Steinen

Lehrpfad in Holderbank 27 Steinblöcke am Hauptsitz der Holcim zeigen die geologische Entwicklung des Alpenraums

Erschienen in der Aargauer Zeitung, am 30.5.2006

Das ist eines von vielen Beispielen, wie die Öffentlichkeit hirngewaschen wird.

Aber auch in unseren Schulen wird Erdgeschichte im Sinne der Evolutionslehre unterrichtet!

Haben Sie das Vorhergehende
alles richtig gelesen???

Wir vermuten,

Sie können kaum glauben,
dass das alles wahr sein soll,

dass moderne Forschungsresultate,
beide, eine glanzvoll herrschende
Weltanschauung,

plus eine als Wissenschaft geltende
Scheinwissenschaft,

<u>total widerlegen</u>

und dazu noch,
dass diese Forschungsresultate
vor den Medien und der Öffentlichkeit
hermetisch abgeschirmt werden, sodass
diese Öffentlichkeit nichts davon erfährt!

Aber lesen Sie weiter
und
überzeugen Sie sich selbst!!!

Inhaltsverzeichnis

Prolog

Ist die Erde wirklich rund vier Milliarden Jahre alt, wie die etablierte Historische Geologie uns glauben macht??? -- Es gibt über 70 Beweise und Hinweise für eine junge Erde, mit einem Alter um die 10'000 Jahre herum, davon sechs **unwiderlegbare Beweise**! Weitere acht unwiderlegbare Beweise kommen aus der Untersuchung der Ablagerungsgesteine und der Fossilien. Das biblische Erdalter von rund 6000 Jahren könnte da nämlich genau stimmen! Die Historische Geologie ist diejenige Disziplin der Geologie, die sich, wie der Name sagt, mit der Erdgeschichte befasst.

Ist die Evolution, die allmähliche Entwicklung in Mio. von Jahren der gesamten Tier- und Pflanzenwelt und die Abstammung des Menschen von affenähnlichen Vorfahren wirklich Tatsache??? -- Der Evolutionsglaube sagt: Die gesamte Tierwelt (auch die Pflanzenwelt) habe einen Stammbaum und soll sich im Verlaufe von Jahrmillionen aus einfachsten Formen (Viren), über Bakterien, Würmer, Fische, Amphibien, Echsen, Säugetiere und schliesslich Affenartige bis hinauf zum Menschen im Verlaufe von Jahrmillionen allmählich entwickelt haben. Aus niedrigen Formen sollen im Verlaufe von Jahrmillionen allmählich höhere Lebensformen entstanden sein, dargestellt als ein senkrechter Stammbaum mit vielen Seitenästen.

Aber -- es gibt **keinen einzigen echten Beweis für dieses Produkt der Fantasie**, aber viele Beweise dagegen, davon rund 14 **unwiderlegbare Beweise**!!! Die Evolutionslehre beruht in erster Linie auf einer Ideologie, plus einer tendenziösen Interpretation der Fossilienfunde (die versteinerten Tierleichen in den Ablagerungsschichten).

Die Ideologie oder Weltanschauung, die dahinter steckt, macht diese Lehre so attraktiv! Die Logik dieser Ideologie ist derart überzeugend, dass man gar nicht mehr nach **echten Beweisen** fragt oder sucht, sondern den Beweis in eben dieser Logik sieht!

Solches ist in den philosophischen Wissenschaften zwar gebräuchlich und ist dort die einzige Möglichkeit zu irgendeiner Schlussfolgerung zu kommen. -- Aber in den Naturwissenschaften ist so etwas nicht statthaft, denn Naturwissenschaft ist Realität und nicht Philosophie! -- Wenn Naturwissenschaft noch Naturwissenschaft sein soll, dann muss der Beweis eben aus der Realität dieser Natur herausgezogen und abgeleitet werden und keinesfalls aus philosophischen, weltanschaulichen oder ideologischen Gedankengängen! Aber gerade das Letztere hat man gemacht, **weil man die Bibel als unglaubwürdig und überholt hinstellen wollte!**

Aber, -- die Sedimentschichten (Ablagerungsschichten) dieser Erde sind schön und regelmässig abgelagerte Schichten, wie sie nur durch eine grosse Flut hingeworfen sein konnten. Aber nun kommen diese Evolutionisten und behaupten, weil ihre Theorien Jahrmillionen an Erdgeschichte voraussetzen, dass diese Schichten nicht in der kurzen Zeit einer Sintflut, sondern in Millionen von Jahren durch Flüsse abgelagert worden seien, wo doch Flüsse eher eine **„grosse Sauerei"** hinterlassen und keinesfalls so schöne und regelmässig abgelagerte Schichten. Aber die Evolutionisten brauchten eben diese Jahrmillionen, um ihre Theorie glaubhaft aufrichten zu können!!!

Nun gibt es Hunderte von modernsten Forschungsberichten, die alle die etablierte Erdgeschichte und die Evolutionslehre in Frage stellen oder widerlegen. Solche Forschungsberichte erscheinen in hochwissenschaftlichen Zeitschriften, die vielleicht von rund 500 Personen auf der ganzen Erde gelesen werden. -- Aber die Medien berichten nicht darüber, sodass die Öffentlichkeit nichts davon erfährt.

Die Medien berichten nicht darüber, weil es sowohl ein wissenschaftliches Establishment gibt, das abblockt, denn gut dotierte Gehälter wären überall in Gefahr, als auch ein ideologisches bzw. atheistisches Establishment, das die Bibel leugnet und diese blocken ebenfalls überall ab. Die Tragik dieser Lehre ist, dass sie ihre Anhänger hauptsächlich unter den Akademikern und den Gebildeten hat! Auch uns ist es einst so gegangen! Wir besprechen hier Literatur, die die Evolution und die Jahrmillionen der modernen Historischen Geologie abstreitet und dafür auch unwiderlegbare Beweise hat!

Kapitel 1: Kleine Erdkunde und Übersicht
Erdkunde = Hirnwäsche?

Auf unserer Erde gibt es zwei Arten von Gesteinen. Die eine Sorte sind die Urgesteine, die seit jeher, seit Entstehung der Erde, da waren, daher auch ihr Name „Urgesteine".

Die zweite Gesteinssorte sind die Ablagerungsgesteine, auch Sedimente genannt (Kalk- & Sandstein, Nagelfluh), die **in**, oder, **durch** Wasserfluten abgelagert worden sind und im Laufe der Jahrhunderte zu solidem Fels ausgehärtet sind. Diese Sorte Gesteine haben eine Schichtstruktur, wie das Bild auf der nächsten Seite zeigt.

Überall auf dieser Erde gibt es diese Ablagerungsgesteine oder Sedimente, die zudem Fossilien enthalten (versteinerte Tierleichen). In den Urgesteinen finden sich keine Fossilien!

Gemäss dem biblischen Sintflutbericht und gemäss den Sintflut-„Sagen" in allen Kulturen dieser Welt, wurden diese Sedimente in **historischer Zeit** abgelagert und nicht im Laufe von Jahrmillionen, wie die moderne Geologie lehrt. Modernste Forschungsberichte belegen, dass die Sintflut-Sagen offensichtlich mehr als blosse Sagen sind! Diese Sagen berichten nämlich von einer grossen Flut, die einst die ganze Erde bedeckt hatte.

Hunderte von modernsten Forschungsberichten bestätigen, dass die Sedimentgesteine **in** und **durch grosse Wasserfluten** entstanden sind und dass unsere Erde nicht Millionen von Jahre alt, sondern sehr jung ist. Diese Forschungsberichte präsentieren unwiderlegbare Beweise gegen die Evolutionslehre und gegen die Historische Geologie, aber die Öffentlichkeit wird von diesen Forschungsergebnissen systematisch und hermetisch abgeschirmt, sodass sie darüber nichts erfährt und sodass aus lauter Unwissenheit die Evolutionslehre mitsamt den

Jahrmillionen der Historischen Geologie sogar in unseren Schulen ge-lehrt wird, eine unmögliche und halsschreiende Situation, gegen welche lautstark protestiert werden muss!!!

Aus: Malone „Explosive Geological Evidence for Creation", Dok. 5

Fossilien, was sind das?

In diesen aus Wasserfluten abgelagerten Gesteinsschichten sind Millionen von Tieren jeder Art mit begraben worden. Im Laufe der Jahr-hunderte sind diese Tierleichen mit Mineralstoffen angereichert wor-den, sodass sie heute fast so wie das umgebende Gestein aussehen und ebenso hart geworden sind, aber trotzdem ihre ursprüngliche Form und Struktur beibehalten haben. Fossilien sind also versteinerte Lebewesen und werden **nur** in den Ablagerungsgesteinen oder Sedimenten dieser Erde gefunden. Damit solche, in Fluten begrabene Tiere nicht verfaul-ten, mussten sie sehr schnell, innerhalb von Stunden oder Tagen, unter Luftabschluss, mit einer hohen Schlammschicht bedeckt werden.

Zur Entstehung der Sedimente

Wie wir schon geschrieben haben, können diese Sedimente nicht durch Flussablagerungen, sondern nur durch eine grosse Flut entstanden erklärt werden, welche sie in sehr kurzer Zeit hingelegt hat. Die Bibel und die Überlieferungen in allen Kulturen dieser Welt berichten von dieser grossen Flut und selbst die Fossilien beweisen es, denn in Flussablagerungen entstehen keine Fossilien, weil die Tiere dort unweigerlich verwesen würden, lange bevor sie versteinert werden könnten.

Bis vor ca. 200 Jahren war die Sintflut als Ursprung der Ablagerungsgesteine oder Sedimente, auch von den Geologen geteilt worden. Aber gegen Ende des 18. Jahrhunderts traten James Hutton, ein Grundbesitzer und **kein Geologe**, und Charles Lyell, ein Jurist und ebenfalls **kein Geologe**, mit der Lehre auf, die Sedimente dieser Erde wären nicht durch eine grosse Flut in kurzer Zeit, sondern durch Flussablagerungen während Millionen von Jahren entstanden, also gerade das Gegenteil von dem, was gesunder Menschenverstand urteilen würde. Lyell schrieb dazu sein grundlegendes Werk „Principles of Geology" (Prinzipien der Geologie) und unverständlicherweise übernahmen die Geologen seine Theorien. Hätte man diese Ablagerungen nur genauer angeschaut, so hätte sich diese neue Lehre in der Geologie nie etablieren können! Aber das wollte man eben ja gar nicht, denn hinter der Evolutionslehre standen ganz andere Beweggründe, worüber wir später noch mehr sagen werden.

Hutton und Lyell gründeten ihre Lehren auf dem von ihnen aufgestellten Uniformitätsprinzip, wonach die Gegenwart der Schlüssel zur Vergangenheit sei: alle Veränderungen unserer Erdoberfläche mussten durch stetige kleine Vorgänge erklärt werden, wie sie noch heute stattfinden, aber die über Millionen von Jahre angedauert hätten. Da aber unsere Erde gemäss modernster Forschung bloss ein paar Tausend Jahre alt ist, müssen wir uns gar nicht mehr mit dieser Lehre befassen!

Zur Evolutionslehre

Schon vor Darwin, dem Schöpfer der Evolutionslehre, gab es „evolutionistische" Gedankengänge und Theorien, aber diese Lehren konnten sich bis anhin nie durchsetzen, weil der dazu nötige Zeitrahmen von Jahrmillionen fehlte, da man damals noch an ein Erdalter von rund 6000 Jahren glaubte und in nur 6000 Jahren hätte nie eine Evolution stattfinden können. Es mussten also irgendwie Jahrmillionen herbeigezaubert werden, um einer solchen Idee zum Durchbruch zu verhelfen. Diese Jahrmillionen haben James Hutton und Charles Lyell geliefert und der Rest ist Geschichte!

Also: Vor rund 200 Jahren stand eine Ideologie im Raum -- und -- es ging in den Kreisen dieser Ideologen nicht in erster Linie um Tatsachen und um Wahrheit, sondern man suchte, diese Ideologie zu beweisen und ihr dazu eine wissenschaftliche Grundlage und Anstrich zu verpassen -- und dazu schreckte man auch nicht vor Fälschungen und Lügen zurück, wie das Hans-Joachim Zillmer so treffend in seinem Buch "Die Evolutionslüge", Dok. 3, beschreibt. – Klar, wenn man etwas beweisen will, das nicht ist, kommt man nicht um solche „Krämpfe" herum und so kann man heute resümierend sagen, dass die Evolutionslehre nur auf Grund von Fälschungen sich etablieren konnte! -- Im grossen Ganzen hat man einfach die Fossilienfunde im Sinne einer Evolution neu und tendenziös interpretiert. Wie bei einem normalen Theaterstück brauchte man auch hier eine Kulisse, eine Kulisse der Jahrmillionen. Die moderne Historische Geologie lieferte diese Kulisse, eine Kulisse, die von zwei Personen, die keine Geologen waren, nämlich Hutton und Lyell, gebaut worden war.

Weil die Evolutionslehre und die Jahrmillionen der modernen Historischen Geologie in das Lehrsystem der Schulen aufgenommen wurden, sind diese Lehren zudem „fast unsterblich" gemacht worden, sodass man zu Recht von einer „modernen und organisierten Gehirnwäsche" sprechen muss!

Moderne Hirnwäsche,
die Evolutionslehre in unserem Schulsystem

In unseren Schulen wird die Evolutionslehre als wissenschaftlich erwiesen gelehrt, was ja überhaupt und ganz und gar nicht stimmt!!! Und dass sie keinen einzigen stichhaltigen Beweis hat, wird den Schülern oder Studenten **nie gesagt**. Man scheint dort, wie auch überall sonst in der Öffentlichkeit, nicht zu wissen, dass Evolutionslehre und Historische Geologie, als zwei **Scheinwissenschaften**, durch die heutige Forschung widerlegt sind! -- Dieses Nichtwissen ist die Folge der fehlenden öffentlichen Berichterstattung, über kontroverse Forschungsergebnisse in Geologie und Evolutionslehre, der Medien über Jahrzehnte hinweg!!!

Auch erst recht wird den Studenten **niemals gesagt**, dass es **sechs unwiderlegbare** Beweise für eine junge Erde gibt. Dazu kommen weitere **acht unwiderlegbare** Beweise gegen die Evolutionslehre und die Historische Geologie, aus der Geologie selber, auf Grund der Struktur und Aufeinanderfolge der Sedimentschichten und aus den Fossilien selber! Klar, dass auch diese weiteren Beweise den Studenten **nie gesagt werden**.

Wir haben also ein Schulsystem, das aus lauter Unwissenheit, solch grobe Sachen, wie erlogene und durch Betrug ins Dasein gekommene Lehren, als Wahrheit hinstellt und lehrt (moderne, organisierten Hirnwäsche und Volksverdummung!!!),

Ist das eine Ehre für unsere moderne Gesellschaft???

Lasst uns also diese Situation so schnell wie möglich beendigen und beseitigen!!!

Über diese vierzehn unwiderlegbaren Beweise werden wir im Detail in den übernächsten Kapiteln 3 & 4, noch ausführlich berichten.

Wie konnten zwei so faule Irrlehren
bis zum heutigen Tage sich behaupten?

Diese Frage ist identisch mit der Frage, wie kann ein einfacher Bürger, oder sogar ein Akademiker, diese Lehren auf einfache Art selber und selbständig nachprüfen und hinterfragen? -- Er kann das doch nicht und ist darauf angewiesen zu glauben, was da offiziell gelehrt und verbreitet wird!!!

Aber auch: „Wer schwimmt schon gerne gegen den Strom?!"

So konnten die „Evolutionisten" ihre Lehren ungehindert verbreiten und diese sogar mit Fälschungen untermauern, Fälschungen, die jeweils in den Zeitungen und Medien, mit grossem „Tamtam und Tralala" als umwerfende Entdeckungen verkündet und „bejubelt" wurden, begleitet mit ausgestellten Replikaten in allen Museen dieser Welt! Und immer, Jahrzehnte später, kam dann die Enttarnung, und wo diese Replikate klammheimlich aus den Museen wieder entfernt wurden, wobei die Öffentlichkeit aber kaum etwas davon erfuhr. -- Also, immer: Auftritt mit grossem „Tamtam und Tralala", und Rückzug klammheimlich, kaum eine Zeitung schrieb darüber! -- Aber das Ziel war erreicht: der Irrtum war gesät und hielt sich hartnäckig, und ungestraft, auch in späteren Veröffentlichungen, **bis zum heutigen Tag!**

Soll das eine Ehre für unsere moderne Gesellschaft sein???

Wer sich gegen die Evolutionslehre stellte, wurde als altväterisch und dumm abgestempelt und verlacht, kurz, Kritik war nicht im Trend,

und wer dies trotzdem versuchte, wurden ausgegrenzt, wie Henry M. Morris (Dok. 1), der vor rund 50 Jahren einer der ersten war, der sich gegen diese herbei gezerrten Irrlehren stellte und der durch sein Buch, nach unserem Dafürhalten, viele der modernen Forschungen überhaupt erst ausgelöst hat: Seit Henry M. Morris, bis zum heutigen Tag, kamen Hunderte von modernen Forschungsberichten heraus, veröffentlicht in den speziellen hochwissenschaftliche Zeitschriften, die aber nie den Weg in die Zeitungen und unsere populärwissenschaftlichen Zeitschriften gefunden hatten.

Hätte die Evolutionslehre auf Tatsachen aufgebaut werden können, wären Fälschungen nie nötig gewesen! -- Aber heute kann man schliesslich und endlich sagen: Auf Grund von moderner Forschung schwimmen den Evolutionisten die Felle davon!!! -- Nur, -- und das ist der Wermutstropfen -- die Öffentlichkeit erfährt nichts davon, sondern wird hermetisch und systematisch davon abgeschirmt und angelogen!

Und die Evolutionisten fahren fort, ihre Lehren in der Öffentlichkeit zu verbreiten, als ob es diese Forschungsresultate nicht gäbe!!!

Systematische und hermetischen Abschirmungen sind aber nur nötig, wenn Lug und Trug im Spiele sind! Und so etwas nennt sich dann „Wissenschaft"? -- **Aber, es ist nur der äussere Schein!!!**

Vor rund 30 Jahren kamen dann weitere Wissenschaftler, die diese modernen Forschungsresultate in gemeinverständlicher Form veröffentlichten, wie z.B. Eduard Ostermann (Dok. 2), und noch andere (Dok. 6 - 10), die aber grösstenteils immer noch auf taube Ohren stiessen. Aber inzwischen gab es weitere Forschungen und ist auch die Zeit vielleicht reifer geworden. Zwei Topwissenschaftler der neuesten Generation, die selber selbständig forschen und publizieren, könnten vielleicht in unserer Gesellschaft doch noch den Durchbruch schaffen:

Hans-Joachim Zillmer, aus Deutschland (Dok. 3), seine fünf Bücher wurden in mehr als 10 Sprachen übersetzt, und:

Bruce Mallone, USA (Dok. 5), mit acht veröffentlichten Büchern.

Die Motivation von Charles Lyell

Wir haben bereits gehört, dass Charles Lyell ein Jurist und kein Geologe war. Aber warum hat er denn ein so grundlegendes Buch wie „The Principles of Geology" (Prinzipien der Geologie) überhaupt geschrieben, wo er doch kein Geologe und kein Fachmann in dieser Disziplin war und warum wurde seine Lehre von diesen Geologen, wider alle Vernunft, überhaupt angenommen?

Über die Motivation von Charles Lyell gibt es einen Brief zwischen zwei Freunden von Charles Lyell, der der Nachwelt erhalten geblieben ist. In diesem Brief ist folgender Absatz zu lesen (Bild siehe nächste Seite):

Ins Deutsche frei übersetzt:

Charles Lyell sagte: „Ich fasste diese Idee vor ungefähr fünf bis sechs Jahren, nämlich die biblische Chronologie (Geschichte) von Moses umzustürzen, durch Erfindung einer neuen Chronologie der Erde, einer Historischen Geologie. Wenn wir dies tun könnten, ohne Kränkung und Beleidigung in der Gesellschaft zu verursachen, welches ich fürchte, dass wir das tun könnten, dann könnten wir erreichen, dass sie alle auf unsern Zug aufspringen würden. Wenn wir nicht über sie triumphieren, sondern der Liberalität und der Offenherzigkeit des gegenwärtigen Zeitalters huldigen, so würden auch die Bischöfe und die erleuchteten Heiligen unserer Zeit, sich uns anschliessen und wir würden sie dazu bringen, dass auch sie die ehemaligen und heutigen Physico-Theologen (?) verachten würden,

(weil sie alle als moderne und „up to date" Menschen angesehen werden möchten, Klammerinhalt vom Verfasser!)

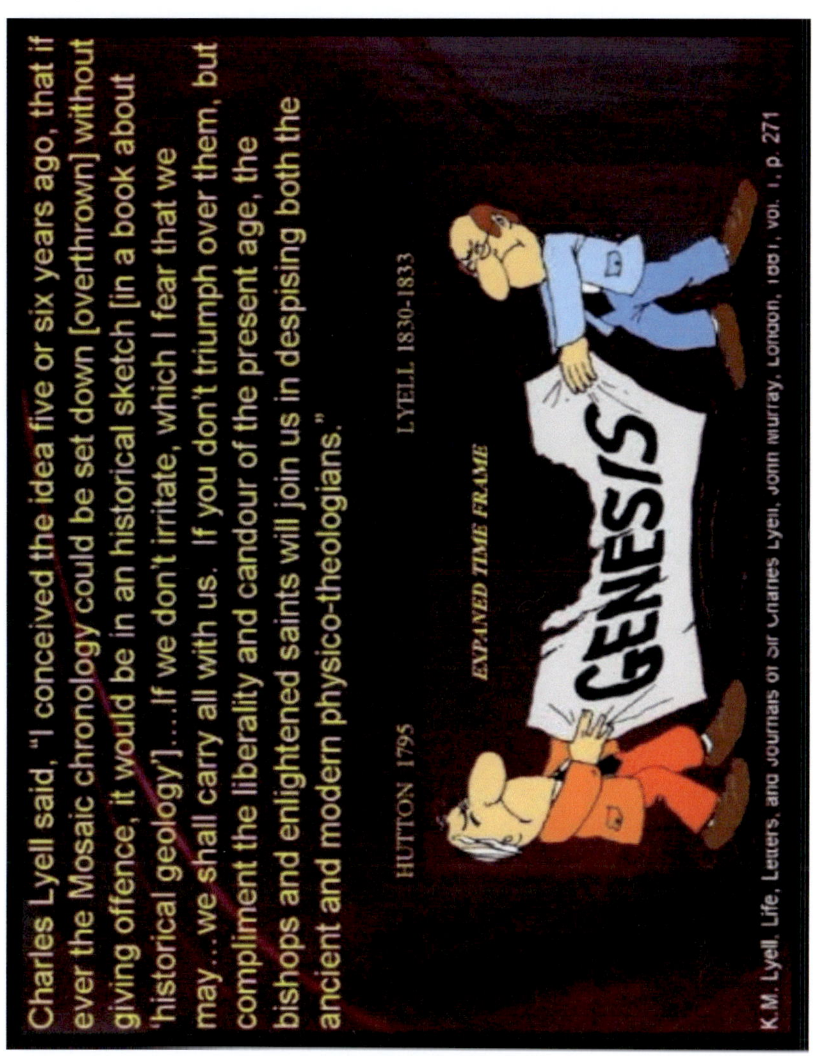

Aus DVD von Malone: „Explosive Evidence for Creation"

Zu jener Zeit gab es in England (speziell London) eine Vereinigung von Atheisten, aber sie nannten sich nicht Atheisten, weil Atheismus zu jener Zeit verpönt war, sondern ungefähr „Gesellschaft zur Erforschung der Welt"

Kapitel 2: Kleiner Einschub

Darwin, und wie die Evolutionslehre entstand
(aus Dok. 5, DVD)

Im 18. Jahrhundert waren die Theologen diejenigen, die die Kultur beherrschten und wer intelligent genug war studierte darum Theologie. Charles Darwin war ein solcher und er kam aus einer wohlhabenden Familie der oberen Klasse. Auch er studierte Theologie, denn er war intelligent, aber in ihm war auch viel Abenteuerlust und darum heuerte er sich für fünf Jahre auf einem Segelschiff an, um die Welt zu sehen.

Was er mitnahm war natürlich die Bibel, das Buch jener Zeit, aber der Kapitän machte ihn auf das Werk von Charles Lyell „Principles of Geology" aufmerksam, welches er darum in jener Zeit auch studierte.

Als er bei einem Abstecher in das „Rio Santa Cruz"- Flusstal in Süd-Argentinien, die imposanten Felsformationen des einst durch Gletscher ausgehobelten Tales betrachtete, war dies für ihn der Anlass die Lehre der Bibel über Bord zu werfen, denn er dachte, wenn dieses kleine Flüsschen dieses tiefe Tal aus dem Fels heraus gefressen haben sollte, wären dafür bestimmt Millionen von Jahre nötig gewesen. Dass dieses Tal durch Gletscher in wenigen Hundert Jahren (Eiszeit) aus dem Fels heraus gehobelt wurde, war zu jener Zeit noch unbekannt. So war dies für ihn der Anlass, die Theorien von James Hutton und Charles Lyell anzunehmen, wonach die Ablagerungen überall auf der Erde nicht durch eine Sintflut im Verlaufe von nur rund einem Jahr, sondern durch Flüsse in Millionen von Jahren entstanden wären. Ebenso wären die Täler als durch Flüsse in Jahrmillionen aus dem Fels heraus gefressen, zu beurteilen.

Als er später, die Galapagos-Inseln besuchte und die dortige, vom bisher Bekannten etwas abweichende Tierwelt vorfand, dachte er an die Theorien von Hutton und Lyell, nämlich: „Stetige kleine Veränderungen, angesammelt über immense Zeitperioden, hätten die heutige Form und Ausgestaltung der Landschaften dieser Erde verursacht".

Diese Gedanken, nun angewendet auf Pflanzen und Tiere, könnten die Entstehung der Pflanzen- und Tierwelt erklären, so wie wir sie heute vorfinden, folgerte er, und weiter dachte er, dass schlechte Veränderungen im Lebenskampf ausgemerzt würden und die guten Veränderungen erhalten blieben und diese sich so im Verlaufe immenser Zeitperioden immer weiter und weiter verbessert hätten. -- Kurz: Die moderne Evolutionslehre war geboren! Aber es waren eben nur Gedanken, Beweise hat er keine gehabt und auch keine gesucht und trotzdem hat sich diese Lehre über den ganzen Erdkreis verbreitet!

Santa Cruz Tal in Argentinien, aus DVD von Malone „Explosive Evidence for …"

Kapitel 3:
Unsere Erde, ein junger Planet, in einem jungen Kosmos!
Sechs unwiderlegbare Beweise!!!

Wir fassen aus dem Buch von Eduard Ostermann: „Unsere Erde - ein junger Planet - das Ende einer Legende", 1983 Hänssler Verlag Neuhausen Stuttgart, Dok.2), zusammen:

Fehlender kosmischer Staub auf Mond und Erde
(Unwiderlegbarer Beweis #1)

Die erste Mondfähre, die auf dem Mond gelandet ist, wurde wegen dem erwarteten kosmischen Staub, mit riesigen Tellern unten an den Beinen ausgerüstet: Auf Grund des vermeintlich hohen Alters des Kosmos und des Sonnensystems, von einigen Milliarden Jahren, hätte eine ca. 55 Meter hohe Schicht von kosmischem Staub auf der Mondoberfläche vorhanden sein müssen. Kosmischer Staub stammt aus dem Weltraum.

Hätte es diese 55 Meter hohe Schicht tatsächlich gegeben, so wäre die Mondfahre ohne diese Teller im kosmischen Staub versunken, denn gerade darum hatte man ihr diese Teller verpasst. -- Aber was wurde auf der Mondoberfläche vorgefunden? — Kaum eine Spur von kosmischem Staub, höchstens vielleicht ein paar Zentimeter verwitterter Mondoberfläche. Das beweist, dass unser Sonnensystem, und vermutlich auch der ganze Kosmos, sehr jung sind!

Da es auf dem Mond weder Wasser noch Wind gibt, geschieht die Verwitterung durch die Temperaturzyklen zwischen Mondtagen und Mondnächten. Ein ganzer Mondtag (Mondnacht inklusive) dauert ja rund einen Monat und da wird es auf je einer Mondseite rund 14 Tage lang sehr heiß, und dann wieder rund 14 Tage lang sehr kalt (der Mond kehrt der Erde immer die gleiche Seite zu, deshalb ist der Mondtag gleich lang wie ein Mondumlauf um die Erde, also rund ein Monat).

Auch auf der Erde müssten sich diese 55 Meter an kosmischem Staub nachweisen lassen, aber solcher kosmischer Staub ist auch auf der Erde nirgends zu finden: Kosmischer Staub hat nämlich einen Nickelgehalt von rund 2,5 %, aber die Nickelvorkommen auf dieser Erde sind nicht in einen kosmischen Staub „eingepackt" und können darum nicht einem kosmischen Staub zugeordnet werden.

Unser Weltall ist ja riesig groß, vermutlich sogar unendlich groß, da man mit den größten Teleskopen noch kein Ende dieses Weltalls gefunden hat. Man kann da einwenden, dass es da Licht geben müsste, das schon Milliarden von Jahren unterwegs wäre. Aber wenn gemäss der Bibel, Gott die Erde mitsamt der Tier- und Pflanzenwelt, plus den ganzen Kosmos, durch Seine Machtworte in 6 Tagen geschaffen haben soll, so ist klar, dass Er dieses Weltall mitsamt dem Licht, das unterwegs ist, geschaffen hat!

Das alles besagt doch, dass Mond und Erde sehr jung sind! Und das deutet darauf hin, dass das ganze Universum ebenso jung ist!

Die Flüsse dieser Erde führen
(Unwiderlegbarer Beweis #2)

rund 375 Millionen Tonnen Nickel Jahr für Jahr in die Weltmeere. Diese Weltmeere enthalten aber insgesamt nur 3500 **Milliarden** Tonnen Nickel. Wenn man annimmt, dass das gesamte Nickel der Ozeane von den Flüssen dorthin transportiert wurde, so wären dazu rund 9'300 Jahre nötig gewesen, also kann die Erde kaum älter als diese 9'300 Jahre sein! Auch dieser Beweis kann nicht widerlegt werden!!!

Wenn die Erde rund 6000 Jahre alt sein soll, so muss angenommen werden, dass es Schwankungen in der Abfuhr dieser Flüsse gab, während dieser langen Zeit, oder aber, dass bei der Schöpfung dieses

Nickel, das den fehlenden 3'300 Jahren entsprach, mit den Weltmeeren und in denselben, erschaffen wurde!

Zwei weitere unwiderlegbare Beweise, #3 & 4

Jahr für Jahr führen die Flüsse dieser Erde rund 27,5 Milliarden Tonnen Material ins Meer, davon 15 Prozent (von über 70 Elementen) in gelöster Form. Irgendwann innerhalb der postulierten rund 4 Milliarden Jahre wären die Ozeanwasser mit diesen Stoffen überlängst gesättigt gewesen, aber es gibt diese Sättigungen gar nicht!

Auch müssten in dieser langen Zeit von 4 Milliarden Jahren, durch das von den Flüssen zugeführten Material, riesig dicke Sedimentschichten auf den Meeresböden zu finden sein, aber diese Sedimentschichten sind erstaunlich dünn, so dünn wie dazu nur ein paar tausend Jahre nötig wären und nicht Jahrmillionen, ein weiterer Beweis für eine junge Erde!!!

Der Erdmagnetismus
(unwiderlegbarer Beweis #5)

nimmt nach einem exponentiellen Gesetz, mit einer Halbwertszeit von ca. 1400 Jahren, dauernd ab. Das ist eine sehr schnelle Abnahme: nach jeweils 1400 Jahren halbiert sich also die Stärke des Magnetfeldes der Erde (also, nach nochmals 1400 Jahren wäre es die Hälfte der Hälfte, also ein Viertel und nach nochmals 1400 Jahren ein Achtel, usw.)! Wenn man diese Kurve zurück extrapolieren und abschätzen würde, so müsste man auf ein Erdalter von rund 6'OOO Jahren schließen, denn wenn man noch weiter zuruckextrapolieren würde, so wäre die Erde vor 1O'OOO Jahren ein Magnetstern gewesen und vor 52'000 Jahren sogar ein Pulsarstern. Aber das war niemals der Fall. Das biblische Alter der Erde ist ja bekanntlich ca. 6000 Jahre und dies könnte somit ganz genau stimmen!!!

Das Magnetfeld der Erde schützt uns vor der kosmischen Strahlung, indem diese durch dasselbe gegen die Pole abgelenkt wird und dort die Polarlichter erzeugt. Aber wegen der schnellen Abnahme wird es bald einmal gefährlich sein, auf dieser Erde zu leben. In der Tat, eine der Plagen, die die Offenbarung (das letzte Buch der Bibel) für die Endzeit voraussagt, hat mit intensiver Strahlung zu tun. Das Magnetfeld der Erde vermittelt den Eindruck einer Uhr, die bei der Schöpfung aufgezogen wurde und nun schon bald abgelaufen ist.

Das <u>fehlende</u> Helium,
(unwiderlegbarer Beweis #6)

eine sehr pikante, weitere Ungereimtheit der herrschenden Lehre: Die Altersbestimmung auf Grund von radioaktivem Zerfall von Uran 238 (Uran/Blei-Methode) ergibt ein Erdalter von ca. 4 Milliarden Jahre, aber in diesen 4 Milliarden Jahren wäre dabei so viel Helium entstanden, dass die Atmosphäre heute praktisch nur aus Helium bestehen müsste. -- Aber wo ist dieses Helium??? -- Nirgendwo!!! -- Wie kann also eine Altersbestimmung nach dieser Methode schlüssig sein?

Henry Faul berichtet (Nuclear Geology, John Wiley, New York), dass die Erde durch radioaktiven Zerfall jedes Jahr ca. 3OO'OOO Tonnen Helium an die Atmosphäre freigibt. Die Atmosphäre enthält derzeit $3,5 \times 10^9$ (das sind 3,5 Milliarden) Tonnen Helium. Wenn also jedes Jahr rund 3OO'OOO Tonnen Helium durch radioaktiven Zerfall in die Atmosphäre gekommen sind, so ist der **gesamte** Heliumgehalt der Luft in rund 11'7OO Jahren entstanden. Also nochmals ein unwiderlegbarer Beweis für eine junge Erde!!!

Bei einem Erdalter von 6000 Jahren, war also bei der Schöpfung schon Helium in der Atmosphäre, oder es gab Schwankungen in der Erdstrahlung während dieser langen Zeit!

Es gibt rund 70 Indizien für eine junge Erde:

Das ist doch überwältigend viel! So viele echte und übereinstimmende Beweise gibt es für eine junge Erde, aber für die Evolutionslehre dagegen gibt es, außer philosophischen Gedankengängen, überhaupt keinen einzigen **echten und stichhaltigen** Beweis!!! Es wäre also Zeit für eine Revision der geltenden Weltanschauung, aber daran wird nicht im Entferntesten gedacht!

Kapitel 4
Geologie widerlegt Evolution!
(acht weitere unwiderlegbare Beweise)

Ablagerung der Sedimente durch eine große Flut, die Sintflut, eine Tatsache!
(unwiderlegbarer Beweis #7)

Aus vielen Forschungsberichten geht hervor, dass die Ablagerungs- oder Sedimentgesteine dieser Erde, wie bereits gesagt, durch eine grosse Flut in kurzer Zeit entstanden und nicht in Millionen von Jahren durch Flüsse abgelagert worden sind, wie bereits gesagt: Flüsse hinterlassen bekanntlich eine __„grosse Sauerei"__ und keinesfalls so schöne und regelmässig abgelagerte Schichten.

Viele Forschungsresultate liefern den __erdrückenden__ Beweis, dass die Sedimentgesteine nicht durch Flüsse in Jahrmillionen, sondern durch eine universelle Flut in sehr kurzer Zeit abgelagert worden sind. Diese Beweise können nicht widerlegt werden!!!

Die Arche Noah, aus einer DVD von Bruce Mallone „Explosive Geological Evidence for Creation".

Ein Beweis unter vielen für eine große Flut:

*Der Steinkern eines aufrecht abgesetzten Hohlstammes einer **Sigillarie** bezeugt die hohe Sedimentationsrate dieses karbonischen Schiefertons. Essen-Kupferdreh, 1954 (Archiv Ruhrland-Museum Essen), aus Dok 4), Seite 40-41.*

Die Entstehung dieses versteinerten Baumes kann nicht viele Millionen Jahre gedauert haben, wie die den Baumstamm umschließende Höhe der Sedimentschichten, gemäß etablierter Erdgeschichte, folgern lassen müsste, sondern ist eben in der sehr kurzen Zeit von Stunden oder Tagen, <u>unter Luftabschluss</u>, in einer universellen Flut entstanden, darum ist der ganze Stamm, von unten bis oben, vollständig erhalten geblieben und nicht verfault!!!

Henry M. Morris, (Dok.1): „The Genesis Flood"

Henry Morris ist einer der ersten ernst zu nehmenden Wissenschaftler gewesen, der es gewagt hatte, die Evolutionslehre in Frage zu stellen und der dadurch, wie bereits gesagt, eine ganze Lawine von Forschungen ausgelöst hat. Der geologische Teil beginnt in seinem Buch bei Kapitel IV, die Kapitel I bis III beinhalten theologische Erwägungen. Herr Morris hätte sein Buch gerne in einem wissenschaftlichen Verlag veröffentlicht, wurde aber dort überall abgewiesen. Um deshalb in einem christlichen Verlag durchzukommen, war er gezwungen einen theologischen Vorspann einzufügen und das hat John Whitcomb getan. Aus diesem Buch möchte ich nur neun Punkte herausgreifen:

Die Sache mit den Leitfossilien

ist die Folgende: Man hat einfach angenommen die Evolutionslehre sei eine Tatsache. Demgemäss mussten die ältesten Schichten diejenigen sein, die Versteinerungen der primitivsten Lebewesen enthalten, wie Würmer, Muscheln, Schnecken, (Mollusken), etc. Höher entwickelte Tiere wie Kriechtiere, also Amphibien und Echsen, gehörten danach bereits ins sog. „Erdmittelalter" und die Säugetiere als die höchstentwickelten Tiere in die „Erdneuzeit", das sog. Tertiär und Quartär.

Nun kommen diese Evolutionisten und behaupten, die Evolutionslehre sei bewiesen, denn die primitivsten Tiere seien in den ältesten Schichten enthalten und die höchst entwickelten in den jüngsten, wo doch diese Schichten gerade auf Grund dieser Fossilien als alt oder als neu datiert wurden! Darum heissen diese Fossilien ja eben gerade „Leitfossilien"! -- Ein Zirkelschluss, oder bewusste Irreführung???

Die sog. „Geologische Kolumne"
(ein kaum widerlegbarer Beweis, Beweis #8)

Die Aufeinanderfolge der postulierten rund 13 geologischen Zeitalter: Archaikum, Proterozoikum, Kambrium, Ordovizium, Silur, Devon, Karbon, Perm, Trias, Jura, Kreide, Tertiär und Quartär heisst „Geologische Kolumne" und ist auf Grund der sog. Leitfossilien **konstruiert**

worden und ist reine Fantasie, denn es gibt diese geologische Kolumne
in ihrer Gesamtheit nirgends auf dieser Erde, sondern überall nur vermeintliche Teile davon, nämlich 2 bis 4 Schichten hier und wieder 2 bis
4 andere Schichten dort. Wenn diese Geologische Kolumne wirklich Realität wäre, so müssten doch an vielen Stellen dieser Erde die vollstän-
dige Geologische Kolumne, oder zum Mindesten grosse Teile davon,
noch vorhanden sein! Aber das gibt es nirgends auf dieser Erde, sondern diese sog. Geologische Kolumne ist in Wirklichkeit eben eine __„Kon-
struktion"__ der Evolutionisten und reine Phantasie, aber mit verpasster
wissenschaftlicher Aura:

Man hat die verschiedenen Ablagerungsschichten auf Grund der
„Leitfossilien" voneinander unterschieden und ihnen auf Grund der postulierten Evolutionslehre und der Leitfossilien je ein Alter zugeordnet,
ihnen entsprechende und wohlklingende Namen gegeben und dann
diese Schichten in der sog. „Geologischen Kolumne", dem postulierten
Alter gemäss, in Gedanken übereinander angeordnet, als wäre das alles
tatsächlich so abgelaufen und um, was ebenso wichtig war, der Lehre
einen Schein von Wissenschaftlichkeit und Tatsächlichkeit zu geben.

Gesetzt der Fall, dass diese Konstruktion stimmen würde,
(unwiderlegbarer Beweis #9)

so müssten doch die ältesten Schichten immer unten liegen und
die jüngeren darüber. Aber das ist bei weitem nicht der Fall. Es gibt auf
der Erde rund 500 Stellen, wo ganz „alte" Schichten (Alter auf Grund
der sog. Leitfossilien postuliert) über ganz jungen Schichten nahtlos abgelagert sind, z.B. der „Lewis Overthrust" in den Rocky Mountains, in Al-
berta und Montana, (Kanada und USA), wie er __absichtlich irreführend__
Overthrust (Überschiebung) genannt wird, denn es handelt sich da
nicht um eine Überschiebung, da er sich über eine Länge von 200 km
ausdehnt und __„nahtlos"__ über der „jüngeren" Schicht abgelagert ist.
Wäre diese Schicht übergeschoben worden, so müsste die Grenzschicht
zwischen den beiden Schichten ganz zerklüftet und zerrieben sein, aber
davon ist keine Spur zu sehen! Und zudem, eine Überschiebung in der

Dimension von rund 200 km wäre an jener Stelle wissenschaftlich gar nicht erklärbar und zudem ist diese Grenzschicht praktisch horizontal. In den jungen Gebirgen wie den Alpen, den Rocky Mountains, den Anden, den Kordilleren oder dem Himalaya etc. gibt es solche Überschiebungen, in der Grössenordnung von vielleicht ein paar Hundert Metern oder vielleicht einmal in der Grössenordnung von Kilometern und da ist die Grenzschicht ganz zerbröckelt und zerrieben. Daran erkennt man ja gerade die Überschiebung.

Es folgen acht Bilder aus Dok. 1, Kommentar dazu:

1. Die geologischen Angaben sind gemäss offizieller Lehre.
2. Overthrust = Überschiebung, Thrust = Verwerfung (der Unterschied ist, unserer Interpretation nach, rein kosmetisch).

Ein Fossilien-Massengrab

Kontemporäre Fussabdrücke von Saurier und Mensch, 70 Mio. Jahre alt

Fussabdrücke von Riesenmenschen, 100 Mio. Jahre alt

(Photo by Wm. G. Pierce)

Heart Mountain Thrust

(Photo by Wm. G. Pierce)

Heart Mountain Thrust, Kontaktlinie

Lewis Overthrust

Lewis Overthrust, Kontaktlinie

Das Schweizer Matterhorn, ca. 70 km weit hierher geschoben

Die Entstehung von Fossilien:
(unwiderlegbarer Beweis #10)

Damit eine Versteinerung eines Tieres, insbesondere der Weichteile entstehen konnte, musste es innert Stunden oder Tagen unter Luftabschluss **schnell** mit einer hohen Schlammschicht überdeckt werden, sonst wäre das Tier verwest, lange bevor es versteinert hätte werden können. Da muss man sich schon fragen, wie können durch Flussablagerungen überhaupt Fossilien gebildet werden. Dabei gibt es Massengräber von Tierfossilien, die ganz offensichtlich nur durch eine grosse Flut entstehen konnten. Die Sintflut ist die einzige einleuchtende Erklärung für dieses Phänomen. Fossilien, als in Flussablagerungen entstanden zu postulieren, grenzt schon fast an Schwachsinn!

Bei den radiologischen Altersbestimmungen

werden unbeweisbare Grundannahmen zugrunde gelegt und zwar so zu Grunde gelegt, damit ein für die Theorie brauchbares Resultat herauskommen konnte und zudem widersprechen sich die Altersbestimmungen, je nachdem, nach welcher Methode man bestimmt.

Schon allein das fehlende Helium widerlegt die gebräuchliche Altersbestimmung nach der Uran/Blei-Methode. Die einzig zuverlässige Methode ist die C14-Methode, die aber nur einige Zehntausend Jahre zurückreicht.

Die C14-Methode:

Durch die kosmische Strahlung wird der Kohlenstoff (C12) im Kohlendioxid der Luft zu einem gewissen Prozentsatz verändert: es entsteht das radioaktive Kohlenstoff-Isotop C14.

Die Isotope eines chemischen Grundstoffes unterscheiden sich nur durch die Anzahl Neutronen im Atomkern und damit dem spezifischen Gewicht, aber sie haben alle die gleichen chemischen Eigenschaften, die nämlich durch die Anzahl Protonen und Elektronen bestimmt sind: Die Isotope eines chemischen Grundstoffes haben also alle die gleichen chemischen Eigenschaften.

Weil dieses Isotop C14 radioaktiv ist, zerfällt es mit der Zeit (mit einer Halbwertszeit von 5730 Jahren), aber wegen der kosmischen Strahlung entsteht dauernd neues C14 und ersetzt das zerfallene C14, es entsteht so ein physikalischer Gleichgewichtszustand von konstant einem Atom C14 unter 10^{12} normalen Kohlenstoffatomen (10^{12} = eine Billion). Je stärker die kosmische Strahlung nun ist, umso höher ist der prozentuale Anteil des radioaktiven Karbon-Isotops C14 in der Luft. Der Kohlenstoff der Nahrung von Mensch und Tier stammt direkt (bei Fleischfressern indirekt) von Pflanzen. Diese beschaffen sich den benötigten Kohlenstoff aus dem CO_2 (Kohlendioxid) der Luft und davon ist eben ein gewisser Prozentsatz radioaktiv. Sobald nun aber der Kohlenstoff aus der Luft herausgenommen und als Zucker, Stärke oder Eiweiss in Pflanze oder Tier oder Mensch integriert ist, hat die kosmische Strahlung dort keine Wirkung mehr und das C14 zerfällt mit einer Halbwertszeit von 5730 Jahren in Stickstoff unter Aussendung von Betastrahlung und neues C14 entsteht dort nicht mehr. Je länger also ein Tier unverweslich begraben liegt, umso weniger C14 ist in diesem Tier vorhanden, also nach 5730 Jahren nur noch die Hälfte und nach weiteren 5730 Jahren nur noch ein Viertel (die Hälfte der Hälfte), usw.

Wenn die Annahme einer Wasserdampf-Atmosphäre über der Luftatmosphäre stimmen würde (eine Vermutung unseres Autors Henry M. Morris), so ergäben die vorsintflutlichen Datierungen ein überhöhtes Alter, wegen der durch die vermuteten Wasserdampf-Atmosphäre damals stark verminderten kosmischen Strahlung, die viel weniger C14 erzeugt hätte.

Der zweite Hauptsatz der Wärmelehre
(unwiderlegbarer Beweis #11)

ist ein __unumstösslicher__ Beweis gegen die Evolutionslehre und dieser Gegenbeweis ist schon sehr lange bekannt, ohne je ernst genommen worden zu sein!

Die Wärmelehre beruht auf zwei Grundgesetzen, der erste Hauptsatz bezieht sich auf die Konstanz der Energie: Energien können nur umgewandelt werden, z.B. Licht in Wärme, oder chemisch gespeicherte Sonnenenergie (Holz, Öl, Kohle) in Wärme oder andere Energieformen, aber es kann keine Energie verloren gehen und auch keine Energie aus dem Nichts entstehen.

Der zweite Hauptsatz der Wärmelehre handelt dagegen von der Richtung in welcher diese Energieumwandlungen vor sich gehen. Zur Illustration: Der maximal mögliche Wirkungsgrad einer Wärmekraftmaschine, z.B. einer Gasturbine (rund 40%) oder eines Benziners (25-35%) oder Dieselmotors (35-40%) resultiert aus diesem zweiten Hauptsatz der Wärmelehre.

Die Physiker zeigen, dass dieses Gesetz aber als weitere Konsequenz zur Folge hat, dass der Informationsgehalt in einem abgeschlossenen System (also einem System ohne äussere Eingriffe und Einflüsse) immer nur abnehmen oder höchstens konstant bleiben, aber niemals zunehmen kann (Entropiegesetz). Die Evolutionslehre postuliert aber gerade das Gegenteil, eine stetige Zunahme des Informationsgehalts der Lebewesen über die von ihr postulierten Jahrmillionen: die Erbsubstanz (DNA) einer Eidechse hat viel mehr Information als die Erbsubstanz eines Wurms und die Erbsubstanz eines Menschen viel mehr Information als die Erbsubstanz dieser Eidechse, also kann eine Evolution, die eine Höherentwicklung der Lebewesen beinhaltet, gar nicht stattgefunden haben, weil sie gegen dieses Grundgesetz verstossen würde, ein Gesetz das sonst universell gültig ist, nur bei der unbewiesenen Evolutionslehre sollte dieses Grundgesetz auf einmal nicht mehr gelten (brillante Logik der Evolutionisten).

Die fehlenden Zwischenglieder, der grösste und grundlegendste Beweis gegen die Evolutionslehre:
(unwiderlegbarer Beweis #12)

Auch dieser Gegenbeweis ist schon lange bekannt, aber man hat einfach so getan, als existierte er nicht, indem man einfach nicht darüber sprach, ebenfalls eine „brillante wissenschaftliche" Taktik!

Hätte die Evolution tatsächlich stattgefunden, so müsste es in der Aufeinanderfolge der evolvierten Tierarten Tausende und Abertausende von Zwischengliedern geben, aber die gibt es gar nicht, kein einziges echtes Zwischenglied wurde je gefunden, aber bei der riesigen Menge von Fossilienfunden müsste es solche in **sehr grosser Menge** geben! Aber man findet **nur** gerade die heutigen Tierarten und eine Anzahl ausgestorbene Tierarten. Das vermeintliche „Urpferd", eine offensichtlich ausgestorbene Tierart, wurde in der gleichen geologischen Schicht gefunden wie das heutige Pferd, obwohl Millionen von Jahren dazwischen liegen müssten!!! -- In der Evolutionslehre ist einfach alles an den Haaren herbeigezogen, so auch hier!!!

Die fehlenden Zwischenglieder sind der nicht zu wiederlegende Hauptbeweis gegen die Evolutionslehre!!!

Es gibt zwar die Mutationen,

(spontane Veränderungen in der Erbsubstanz): Man hat an Taufliegen (Eintagsfliegen) durch starke Röntgenstrahlen solche Mutationen künstlich erzeugt, aber die Ergebnisse waren alle negativ, es entstanden nur Missbildungen und Verkrüppelungen, aber nie ein verbesserte Art, ein Ergebnis, genauso wie der zweite Hauptsatz der Wärmelehre, das Entropiegesetz, voraussagt!

Gefundene Fußspuren von Riesenmenschen

Die Bibel erzählt im 6. Kapitel vom 1. Buch Mose, dass es auf der Erde Riesenmenschen gab und genau solche riesigen Fußspuren wurden auch gefunden, siehe Bild auf Seite 38, unten.

„Ein jegliches Tier nach seiner Art",

so steht es in der Schöpfungsgeschichte der Bibel. Wir denken da an Hundeartige, an Katzenartige, an die Huftierartigen etc. etc., also Tierfamilien, wo Kreuzungen innerhalb der gleichen Familie noch möglich sind! Wir stellen uns das so vor, dass z.B. in der Erbsubstanz der Katzenartigen, die ganze Auffächerung in Löwen, Tiger, Panther, Hauskatze etc. bei der Schöpfung schon enthalten war und die Aufspaltung in die verschiedenen Arten dieser Tierfamilie schon in den ersten paar Generationen stattfand. Bei den Hundeartigen, Wolf, Hund, Schakal etc. kann man das heute noch beobachten, wo durch Züchtung sehr viele Hunderassen entstanden sind. So denken wir, ist die Schöpfung bei allen andern Tierfamilien geschehen. -- Aber noch nie hat man aus einem Hund eine Kuh züchten können, oder aus einer Schlange eine Katze!

Fossiler Fisch, aus Dok.5, DVD von Bruce Mallone

Kapitel 5
Die neuesten Forschungsresultate

Aus Dok. 5: „Explosive Geological Evidence for Creation",
DVD von Bruce Mallone (Beweis #13)

Neuerdings hat man Fossilien nach der C14-Methode neu datiert und man hat darin noch so viel C14 gefunden, wie einem Alter von ein paar Tausend Jahren entsprechen würde. Wären aber diese Fossilien Millionen von Jahren alt, so hätte kein einziges Atom C14 darin mehr gefunden werden dürfen. Also sind diese Fossilien geologisch gesehen sehr jung, bloß ein paar Tausend und keinesfalls Millionen von Jahre alt und sind ganz offensichtlich durch die Sintflut entstanden. Ein weiterer unwiderlegbarer Beweis gegen die herrschenden Lehren von Erdgeschichte und Evolution und zugleich ein weiterer unwiderlegbarer Beweis **(B#13)** für eine junge Erde.

Pollenkorn auf einer Narbe, ein Wunder der Natur

Explosive geologische Evidenz für die Sintflut (Beweis #14)

(Aus "Explosive Geological Evidence for Creation", Video von Bruce Mallone, Dok.5), ein Megabeweis, dass Sedimente sehr jung sind!

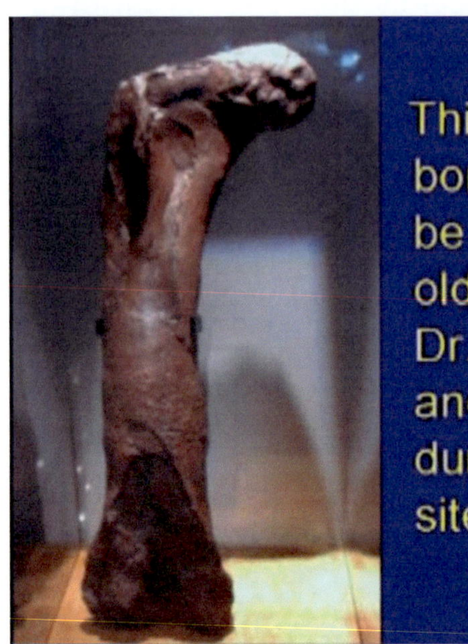

<u>Bildtext:</u> „Dieser T-Rex Dinosaurierknochen, 68 Mio. Jahre alt geschätzt, wurde von Frau Dr. Mary Schweitzer gefunden und wurde bei seiner Entnahme aus dem Gestein, unabsichtlich gebrochen, sodass das Innere sichtbar wurde".

Diese Frau hat diesen Dinosaurierknochen selbst gefunden, ausgegraben und das Innere dieses Knochens, mit den noch guterhaltenen Blutgefässen und Blutzellen, mit eigenen Augen gesehen, aber es hat bei ihr keine Revolution der Überzeugungen ausgelöst, dass mit dem geologischen Datierungssystem etwas nicht stimmen könnte, es hat sie bloss erstaunt! -- So sind Geologen in ihren übernommenen Vorstellungen oft hoffnungslos befangen, so als hätten sie keine eigene, unabhängige Urteilskraft! Das könnte man „Phänomen des Massenglaubens" nennen. Man findet das auch in anderen Disziplinen, in der Medizin (von der Pharmaindustrie beherrscht) und in den Wirtschaftswissenschaften (von der Finanzwelt beherrscht).

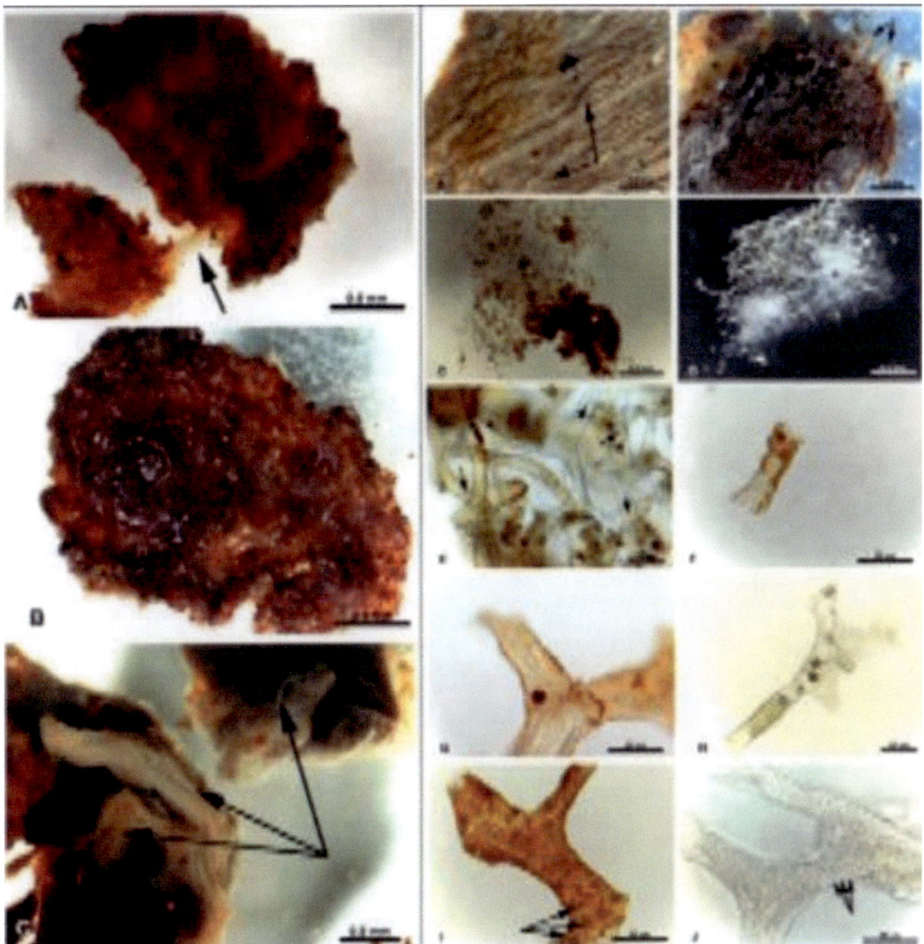

Dieses Bild zeigt, wie in diesem Saurierknochen guterhaltene Blutge-fässe und Blutzellen gefunden wurden und so was soll gemäss Evolution 68 Millionen Jahren überdauert haben, ein Albtraum für einen Evolutionisten, dies zu erklären!!! -- Die Sintflut dagegen hat vor rund 4500 Jahren stattge-funden und das könnte passen, denn man hat auch in altägyptischen Abfall-dumps noch unzersetztes Material gefunden. -- Man hat Saurierfossilien mit unzersetzten Weichteilen überall auf dieser Welt gefunden und die können unmöglich Millionen von Jahre alt sein, die Sintflut ist die einzige stichhaltige Erklärung dafür!

Wer hat diese Blumen nur bestäubt? (auch ein Beweis!)

Gemäß Evolutionslehre sind die Bienen erst ungefähr 30 Mio. Jahre nach diesen Blumen entstanden. Aber wer hat während diesen 30 Mio. Jahren diese Blumen bestäubt? (Aus DVD von Bruce Mallone, siehe Dok. 5: www.sidroth.org). Solche Ungereimtheiten gibt es in der Evolutionslehre gleich „tonnenweise"!!!

Der Piltdown Man, eine von vielen Fälschungen, (aus Dok. 5)

wurde 1912 gefunden, ein affenähnlicher Schädel und ein menschenähnlicher Kiefer, 40 Jahre lang in Textbüchern der Paläontologie beschrieben und Replikate davon überall in Museen ausgestellt und man glaubte, das sei der Beweis für die Evolution. 1952 wurden diese Knochen neu datiert und man fand, dass die Teile nichts miteinander zu tun haben und von verschiedenen Lebewesen und aus verschiedenen Zeitperioden stammen. In diesen 40 Jahren wurden aber darüber rund 300 Doktorarbeiten geschrieben und keiner der Doktoranden hatte bemerkt, dass an den Zähnen Abrasionsspuren von Feilen zu sehen waren. -- Da hatte sich einer einen Jux geleistet und alle diese Evolutionisten sind darauf hereingeflogen.

Mt. St. Helens, in den Rocky Mountains, (aus Dok. 5)
(die Bilder erklären sich selbst, mehr dazu nach diesen Bildern)

Bild 1, Mt. St. Helens in voller Eruption.

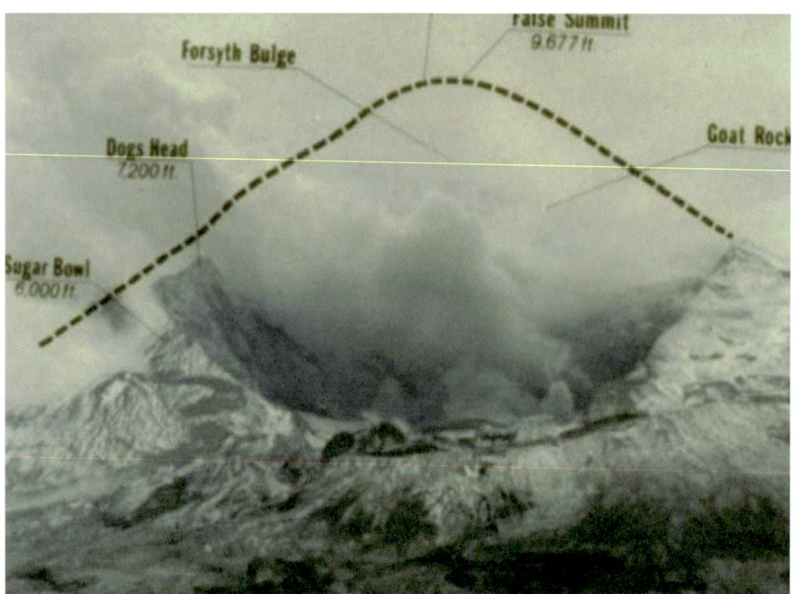

Bild 2, Berg weg

Bild 3: Gebiet mit kompletter Zerstörung (Area of complete devastation).

Bild 4: Der Schuttkegel ist innerhalb von einem Jahr zu solidem Fels geworden.

Bild 5: Die gefällten Bäume ringsherum.

Bild6: Umgeworfene Bäume in der betroffenen Gegend.

Kommentar

Da war ein jahrelanger Streit zwischen den Evolutionisten und den Kreationisten (Schöpfungsgläubigen, das englische Wort „Creation" bedeutet Schöpfung). Die Evolutionisten konnten nie akzeptieren, dass in nur 4500 Jahren solider Fels entstehen konnte und die Kreationisten hatten keinen andern Beweis als nur die Sintflut selbst. Darum hat, nach **unserer persönlichen Interpretation**, Gott selbst in diesen Gelehrtestreit eingegriffen und den Mt.St.Helens durch einen Vulkanausbruch richtig gehend explodieren lassen. Sehen wir uns das Resultat doch einmal an:

Der ganze obere Teil der Berges (Bild 2) ist dabei abgesprengt worden und in den „Spirit Lake" (auf Deutsch Spiritsee) gestürzt und das Wasser dieses Sees wurde dabei, wohl mit Überschallgeschwindigkeit, auf die umgebenden Wälder geschleudert und hat dabei weit herum alle Bäume gefällt, wie die letzten zwei Bilder 5 & 6 zeigen. Die Bild 3 zeigt das zerstörte Gebiet (Aerea of complete devastation). Nach dieser Katastrophe war der Seeboden sogar höher als zuvor der Wasserspiegel war!

Nun, die Quintessenz dieser „göttlichen Intervention" (für die, die solches glauben können!) ist in Bild 4 zu sehen. Da hatte sich ein Fluss innerhalb eines Jahres durch diesen Schuttkegel der abgestürzten Bergmassen von Mt. St. Helens gegraben und was kommt zum Vorschein??? -- Solider Fels und genau die gleiche Schichtung der Gesteine wie im Grand Canyon und überall sonst auf der Welt. **Innerhalb von nur einem Jahr** ist also hier aus Bergschutt und Vulkanasche in einem See solider Fels entstanden, wie Bild 4 eindrücklich zeigt. Da sollen die 4500 Jahre seit der Sintflut nicht genügt haben um soliden Fels zu bilden??? Wenn hierzulande ein Betonhaus gebaut wird, braucht der Zement ja auch nicht Millionen von Jahre um fest zu werden, da genügen bekanntlich schon ein paar Wochen!

So vorgefasst in ihren Meinungen sind also Evolutionisten und nicht nur hier, sondern auch sonst überall, rund herum!!! -- Was ist also stärker als Realität, Wirklichkeit und Wahrheit??? -- Doch die Ideologie!!!

Die Welt und auf ihr die Tier- und Pflanzenwelt und der Mensch sind so wunderbar erschaffen worden (siehe Dok. 5 & 6), die Biochemie eines Lebewesens so hoch kompliziert, dass man sich fragen darf, wie konnte so etwas von selbst, durch Zufall, Mutation und Selektion, entstehen? -- Die Evolutionisten umgeben sich und ihre Lehren mit einer wissenschaftlichen Aura, aber alles was sie uns erzählen ist Fantasie und Märchen, nicht einen einzigen stichhaltigen Beweis haben sie! Und nie reden sie von den vorhandenen Beweisen gegen die Evolution, der Student in diesen Wissenschaften erfährt nie etwas davon!!! -- Und so hat die ganze Welt ihnen geglaubt und glaubt ihnen noch und noch!

Und weil ihre Lehren in das Lehrsystem der Schulen aufgenommen worden sind, sind diese Irrlehren zudem auch noch <u>unsterblich</u> gemacht worden!!! -- Ein unhaltbarer Zustand!

Dr.Dipl.Ing. Hans-Joachim Zillmer,

ein erfolgreicher Unternehmer in Deutschland, investiert viel um eigenhändig geologische Forschung zu betreiben, wobei er ganz ausserordentlich interessante, echt revolutionäre Entdeckungen machte, die alle die Evolutionslehre in Frage stellen. Sein letztes Buch „Die Evolutionslüge" und auch den Verfasser, wollen wir Ihnen hier näher vorstellen: wir haben dazu den Schutzumschlag des Buches gescannt und den Scan hier eingefügt. Die Vorderseite und das Bildchen des Verfassers wurden normal gescannt, aber die Texte mit OCR (OCR = Optical Charakter Recognition = Optische Buchstabenerkennung).

Der hintere Einklappdeckel (OCR, gekürzt):

„In diesem Buch werden zahlreiche, bisher unterdrückte sensationelle Funde dokumentiert, die belegen, dass die vom wissenschaftlichen Establishment systematisch gefälschte Entwicklungsgeschichte des Menschen neu geschrieben werden muss.

„Dr. Dipl. Ing. Dipl. Ing. Hans-Joachim Zillmer. Jahrgang 1950. Selbstständig tätiger Beratender Ingenieur der Ingenieurkammer-Bau NRW, Mitglied der New York Academy of Sciences, verzeichnet im »Who's Who in Science and Engineering« sowie »Who's Who in the World«, nominiert als Wissenschaftler des Jahres 2002 [IBC]. Seine Bestseller erscheinen in zehn Fremdsprachen: »Darwins Irrtum«, »Irrtümer der Erdgeschichte« und »Kolumbus kam als Letzter« (alle LangenMüller). Viele Veröffentlichungen, zahlreiche Radio- und Fernseh-Interviews, u.a. bei PRO7 (Welt der Wunder] mit kontroversen Themen aus seinem »Dinosaurier Handbuch« (LangenMüller)."

In dem vorliegenden Buch zeigt Dr. Zillmer, dass die Lehrmeinung über die Geschichte der Menschheit, vom frühen bis zum modernen Menschen, als Lügengebäude zusammengebrochen ist. Erfundene Fakten, gefälschte Dogmen und eine unerwartete Fülle überzeugender Funde, die von den als Team arbeitenden orthodoxen Wissenschaftlern der Erd- und Lebensgeschichtsforschung unterschlagen wurden, zeichnen ein völlig anderes Bild des Ursprungs und der Geschichte der Menschheit."

Ersten Innenseite, mit OCR, gekürzt:

„Die vom Bauingenieur Dr. Dipl.-Ing. Dipl.-Ing. HANS-JOACHIM ZILLMER - nominiert als »Internationaler Wissenschaftler des Jahres 2002« (IBC) - aufgestellten Hypothesen und neuen Sichtweisen haben in wissenschaftlichen Kreisen der Geologie, Geophysik und Evolutionsbiologie für kontroverse Diskussionen gesorgt und sind bisher in zehn Fremdsprachen übersetzt worden. Das vorliegende Sachbuch ist sein fünftes in einer losen Reihe von Monographien, worin jeweils eigene abgeschlossene Themenkreise behandelt werden. Insgesamt gesehen verzahnen sich jedoch diese Themen zu einer umfangreichen Themenpalette, sodass ein umfassender Überblick als Grundlage für ein zukünftiges neues Weltbild der Erd- und Menschheitsgeschichte geboten wird.“

Hintere Umschlagseite (mit OCR):

„Bereits mit seinem in zehn Fremdsprachen übersetzten Bestseller »Darwins Irrtum« wies Dr. Zillmer nach, dass es keine Evolution gab und die mit dieser Theorie fest verknüpften geologischen Zeitansätze falsch sind. Mehrere seiner schon 1998 getroffenen Voraussagen sind inzwischen bestätigt worden, u. a. dass der Grand Canyon nicht durch einen kleinen Fluss, sondern durch gewaltige Superfluten schubweise innerhalb kurzer Zeit, zuletzt vor nur 1300 Jahren, ausgeschürft wurde.

Bestätigt wurde durch neu vorgenommene Altersbestimmungen im Jahre 2004 auch, dass die meisten der Altsteinzeit zugerechneten Schädel von Neandertalern und frühmodernen Menschen um bis zu 28 000 Jahre jünger sind als bisher angenommen. Der »älteste Westfale« von Paderborn-Sande wurde über Nacht fast zum »jüngsten Westfalen«, denn er ist jetzt nur noch 250 Jahre jung. Jahrzehntelang wurden an der Universität Frankfurt Datierungen am laufenden Band bewusst frei erfunden bzw. gefälscht und man schrieb phantasievoll als »wissenschaftlich« bewiesen ausgegebene Märchen, offiziell die Geschichte unserer Vorfahren darstellend.

Der vordere Einklappdeckel des Buchumschlages (OCR):

Tatort Universität Frankfurt

»Zahlreiche Steinzeit-Schädel in Deutschland sind weit jünger als bislang behauptet«, lautete eine in den Nachrichten der Fernseh- und Rundfunksender meist nicht näher kommentierte Meldung vom August 2004. Tatsächlich (es waren an der Universität Frankfurt, am laufenden Band und Jahrzehnte lang, Datierungen gefälscht worden) handelt es sich um eine an der Universität Frankfurt gezündete »Splitterbombe«, die im Wissenstempel der Erd- und Menschheitsgeschichte geplatzt ist. Schädel von Neandertalern und anderen Frühmenschen aus der Altsteinzeit mussten nachträglich um bis zu 27 000 Jahre auf ein Alter von wenigen tausend oder nur hundert Jahren verjüngt werden. Der sogenannte »älteste Westfale« von Paderborn-Sande wurde über Nacht fast zum »jüngsten Westfalen«, denn er ist nur 250 Jahre jung. Zur gleichen Zeit wird die so genannte »Eiszeitkunst« in großen Ausstellungen gefeiert. Doch es gibt analog zu den neuen korrigierten Altersdatierungen keine entsprechenden Knochenfunde für diese Zeiträume der Altsteinzeit mehr. Das Alter der zusammen mit der 32 000 Jahre alten »Eiszeitkunst« gefundenen Knochen in der berühmten Vogelherdhöhle wurden im Jahre 2004 um 27 000 auf ein Alter von 5000 bis 3900 Jahre v. u. Z. geradezu bergrutschartig verjüngt.

Die Suche nach der Herkunft des Menschen entpuppt sich als eine Kriminalgeschichte mit brisantem Hintergrund, denn die Evolutionstheorie konnte sich nur durch die Etablierung von wissenschaftlichen Fälschungen entwickeln, die meist erst Jahrzehnte später klammheimlich aus den Museen und Fachbüchern entfernt wurden, nachdem mehrere Generationen diese Fälschungen als vermeintliche Wahrheit quasi mit der Muttermilch aufgesogen und nicht mehr hinterfragt haben. Aufgrund neuester Forschungsergebnisse werden in diesem Buch eine ganze Reihe von Dogmen gleichsam pulverisiert: Die Evolutionstheorie wird als Pseudo-Wissenschaft entlarvt, als eine »wissenschaftliche« Ersatzreligion. <u>Die Erd- und Evolutionsforscher leben, bildlich gesehen, im Mittelalter vor einem Fall Galileo Galilei.</u>“

Texte aus diesem Buch

Im Folgenden sind aus diesem Buch die Seiten 139 – 141 (+142 oben) mit OCR herauskopiert worden:

Lug und Trug: Die Menschwerdung

In der Wissenschaft existiert ein Wissensfilter, *der unwillkommenes Material aussiebt. Diese Wissensfilterung wird bereits seit dem Ende des 19. Jahrhunderts betrieben und dauert bis heute an. Der Lehrmeinung widersprechende Funde werden abgelehnt, ohne dass eine sorgfältige Überprüfung des Befundmaterials geschieht. Hat im wissenschaftlichen Establishment (Science Community) erst einmal das Gerücht die Runde gemacht, dass ein spezieller Fund unseriös sei, genügt dies den meisten Wissenschaftlern, um sich nicht mehr mit dem angezweifelten Material zu beschäftigen. Ein Mantel des Schweigens wird dann darüber ausgebreitet. Neu heranwachsende Wissenschaftler wissen dann auch nichts mehr von der Existenz kontroverser oder sogar der herrschenden Theorie krass widersprechender Funde und glauben selbst, ja sind felsenfest davon überzeugt, dass sie vom universitären Wissenschaftsbetrieb umfassend und allwissend ausgebildet wurden. Deshalb müssen frühere Beschreibungen kontroverser Funde für eine "Zeit der erforderlichen Wissenschaftsrevision", quasi dem Galilei-Fall der Wissenschaft, präsent gehalten werden, bis eine vorurteilsfreie, kritische Forschergeneration heranwächst, die Theorien nach Tatsachen ausrichtet und nicht umgekehrt.*

Wissensfilter:

Im Oktober 1998 wurde der Film »Hat die Bibel doch Recht? Der Evolutionstheorie fehlen die Beweise« von Fritz Poppenberg vom Fernsehsender »Sender Freies Berlin« ausgestrahlt. Daraufhin erhoben *drei* Wissenschaftler offiziell Einwände. Der Dokumentarfilm erhielt einen Sperrvermerk und »darf planmäßig nicht mehr im Fernsehen gezeigt werden« (Kutschera, 2004, S. 248). Nachdem Professor Dr. Ulrich Kutschera *(Universität Kassel)* während einer Rede mit dem Titel »Evolution, das Generalthema der Biowissenschaften« auf der Jahrestagung des Verbands deutscher Biologen am 27. Oktober 2002 explizit vor Poppenbergs Film, den Büchern »Darwins Irrtum« (1998) und »Ein kritisches Lehrbuch« (Junker/ Scherer, 2001) gewarnt hatte, gründete man im Anschluss an das Treffen die *Arbeitsgemeinschaft Evolutionsbiologie,* um die weitere Einflussnahme des Antidarwinismus auf Bildung und Öffentlichkeit zu verhindern und die Arbeitsplätze der Evolutionstheoretiker zu sichern.

Wenn von der Unterdrückung von Beweisen gegen die Evolutionstheorie die Rede ist, dann handelt es sich nicht um vereinzelte *wissenschaftliche* Verschwörer, die die Öffentlichkeit hinters Licht führen wollen. Es handelt sich vielmehr um einen andauernden Prozess der systematischen Wissensfilterung, der harmlos erscheint, aber im Laufe der Zeit beträchtliche Ausmaße und quasi eine Undurchlässigkeit für unerwünschte Informationen entwickelt hat, die sich ständig steigert.

Entsprechend erhielten meine kontroversen Themen aus »Darwins Irrtum« einen Sperrvermerk. Ein mit mehreren *Auszeichnungen* dekorierter Regisseur wollte 1999 gar eine ganze Serie für öffentlich-rechtliche Fernsehanstalten drehen, bekam aber klipp und klar gesagt: Wer mit Zillmer auch nur einen einzigen Dokumentarfilm dreht, erhält keinen einzigen Auftrag mehr.

Auf diese Weise verschwinden kontroverse Erkenntnisse, die der Lehrmeinung widersprechen, ganz einfach aus dem Blickfeld und erhalten keine Chance, in anerkannten wissenschaftlichen Magazinen veröffentlicht *zu* werden. Beispielsweise entscheiden zwei konservative Gutachter über die Zulässigkeit der Veröffentlichung von Forschungsergebnissen im Fachblatt »Science«. So kommen kontroverse Forschungen nicht in den Blickpunkt anderer Wissenschaftler und schon gar nicht in die Öffentlichkeit. Die abgelehnten Forschungsberichte werden dann in speziellen Fachblättern veröffentlicht, die weltweit vielleicht 500 Spezialisten lesen.

Ergebnis:

Die kontroverse Forschung wurde in den Fachdisziplinen beerdigt. Wissenschaftler, die brisantes Beweismaterial vorlegen und diskutieren, werden als unseriös denunziert, in ihrem beruflichen Werdegang behindert oder sogar suspendiert. Erschwerend kommt hinzu, dass »heute bereits jeder Spezialist schon im Bereich recht nahe benachbarter Disziplinen nur noch zum allgemein gebildeten *Publikum* gehört, dem ohne verständliche und gute Einführungen ein Eindringen in die dort aufgeworfenen Probleme und das davon abhängige Verständnis nicht mehr möglich ist« (Beck, 1966, S. IX). Damit hält höchstens eine Hand voll große Gruppe von Spezialisten je Fachdisziplin ein lupenreines Monopol in ihren Händen: Niemand ist autorisiert, über fachspezifische Forschungsergebnisse zu diskutieren, da es sich bei allen anderen, auch bei Professoren eng verwandter Wissensgebiete, um Nichteingeweihte, also Unwissende handelt, die vorgeblich keine Ahnung von der Materie haben.

Zum Glück für die Menschheit hat sich das Internet als Informationsquelle durchgesetzt, sodass Informationen sofort verbreitet werden können. Die praktizierte Verheimlichung von brisanten Informationen funktioniert deshalb nicht mehr nach altbewährtem Muster. Es ist aber zu beobachten, dass interessierte Kreise das Internet auch zur Denunziation benutzen, indem die Diskussionsrunden von geschulten Wissenschaftlern und gedrillten Laien zur Aufrechterhaltung der alten Dogmen und zur Normierung der Meinungsbildung benutzt werden. Hierzu dient u. a. ein rüder Umgangston einschließlich persönlicher Beschimpfungen, der den allgemein Interessierten veranlasst, diesen Diskussionsrunden fern zu bleiben. Damit ist das Ziel erreicht, der Informationsfluss wurde unterbunden.

Nach wie vor stellt das Buch eine Informationsquelle dar, die längere Zeit Bestand hat und dessen Informationsgehalt nicht so einfach aus der Welt geschafft werden kann. In dem vorliegenden Buch sollen für diejenigen, die sich mit den menschlichen Ursprüngen und Anfängen beschäftigen, Hinweise, Texte und Materialien vorgestellt werden, die

in den heutigen Standardwerken fehlen und zudem nicht leicht zu beschaffen sind. Es wird sich zeigen, dass die derzeit herrschenden Ansich-
ten über die menschlichen Ursprünge einer tiefgreifenden Revision be-
dürfen.“

Weiter: Aus der Fülle von Beweismaterial gegen die Evolutionslehre, das
in diesem Buch zusammengestellt ist, möchten wir eine weitere Kost-
probe herauskopieren, damit der Leser eine kleine Ahnung vom Inhalt
dieses Buches bekommt (das Buch ist 3,4 cm dick):

Seiten 150 -153:

Menschen vor den Dinosauriern

Am 9. Juni 1891 füllte die Herausgeberin der Lokalzeitung in Morrisonville im US-Bundesstaat Illinois, S. W. Culp, ihren Kohlenkasten. Da einer
der Kohlebrocken zu groß war, zerkleinerte sie ihn. Er zerbrach in zwei
nahezu gleich große Teile. Zum Vorschein kam eine zarte, ungefähr 25
Zentimeter lange Goldkette »von alter und wundersamer Kunstfertig-
keit« (»Morrisonville Times«, 11. Juni 1891, S. 1). Die eng beieinander
liegenden Enden der Kette waren noch immer fest in der Kohle eingebettet. Dort, wo der jetzt gelöste Teil der Kette gelegen hatte, war ein
kreisförmiger Abdruck in der Kohle sichtbar. Das Schmuckstück war of-
fenbar so alt wie die Kohle selbst. Eine Analyse ergab, dass die Kette aus
achtkarätigem Gold gefertigt wurde und zwölf Gramm wog. Als die Be-
sitzerin der Kette 1959 starb, ging diese verloren. Hinweise auf die Herkunft der Kette anhand irgendeines handwerklichen Details sind nicht
bekannt.

Die Kohle, in der die Kette eingebettet war, ist angeblich 260 bis 320
Millionen Jahre alt. Nehmen wir an, dass dieser in der Literatur vielfach
beschriebene Fall authentisch ist, dann ergeben sich unglaubliche Konsequenzen: Hat eine Kultur in dieser uralten, vor der Dinosaurier-Ära
liegenden Zeitepoche existiert, die Goldketten herstellen konnte? Dann
wäre die Theorie der menschlichen Evolution der größte Irrtum des

zweiten Jahrtausends. Die andere Lösung besteht wieder, wie immer in fehlerhafter Datierung der Kohleentstehung. Entstand die Steinkohle, generell gesehen, nicht vor Hunderten von Jahrmillionen im Kohlezeitalter (Karbon), sondern vor nur einigen tausend Jahren? Für diesen Fall stellt die Anwesenheit der Goldkette in einem Kohlebrocken kein Rätsel dar. Allerdings erscheinen dann die 300 Millionen Jahre der geologischen Zeitskala als frei erfundene Phantomzeitalter. Die Anfertigung einer Goldkette ist die Arbeit eines Spezialisten und keinesfalls das Werk eines »Steinzeitmenschen«. Die ältesten bekannten Goldketten sind ungefähr 5000 Jahre alt. Achtkarätiges Gold ist eine Legierung, die aus acht Teilen Gold hergestellt wird, die mit sechzehn Teilen eines anderen Metalls, meist Kupfer, gemischt werden. Aber ein Standard von acht Karat existierte jedenfalls nie. Zum Zeitpunkt der *Entdeckung* der Kette von Morrisonville bestanden Goldlegierungen meist aus 15 karätigem Gold und trugen einen Stempel.

Es handelt sich bei diesem Fund um keinen Einzelfall. Beispielsweise wurden *in* Kohle aus dem Karbon-Zeitalter entdeckt:

• Eine Art Messbecher im Jahre 1912 in Wilburton (Oklahoma). Bei der Verarbeitung von Kohle stemmte Frank J. Kenard ein großes Stück auseinander, und heraus fiel eine Art Topf oder Messbecher aus Eisen. Dieser Fund wurde bezeugt durch Jim Stull, einem Angestellten der *Municipal Electric,* notariell niedergelegt vor Julia L. Eldred.

• Ein Fingerhut (J. Q. Adams in »American Antiquarian«, 1883, S. 331-332).

• Ein Löffel (Harry Wiant in »Creation Research Society Quarterly«, Heft Nr. l des 13. Jahrgangs, 1976).

• Ein eiserner Kessel und menschliche Fußabdrücke in Kohle (Wilbert H. Rusch in: »Creation Research Society Quarterly«, 7. Jahrgang 1971).

• Ein Instrument aus Eisen (John Buchanan in: »Proceedings of the Society of Antiquarians of Scotland«, 1. Jahrgang 1853). Es gibt sogar Funde aus noch älteren geologischen Schichten:

• Im Jahre 1844 trug Sir David Brewster einen Bericht der Britischen Gesellschaft zur Förderung der Wissenschaft vor. Er erklärte, Arbeiter hätten im Steinbruch von Kingoodie nahe Dundee (Schottland) einen Sandsteinblock zerschlagen. Zum Vorschein kam der Kopf eines Nagels, der mit drei Zentimetern des Schafts noch immer fest im Gestein eingebettet gewesen sein soll (Brewster, 1845). Der Sandstein in dem betreffenden Gebiet ist angeblich mindestens 387 Millionen Jahre alt, stammt damit aus dem älteren (unteren) Devon, dem Zeitalter *vor* dem Kohlezeitalter (Karbon).

• Laut einem Bericht in der Zeitschrift »Scientific American« am 5. Juni 1852 (S. 298) befand sich ein metallenes Schiff oder Gefäß mit Silbereinlage in entsprechenden viel zu alten geologischen Schichten.

• *In purem* Fels eingebettet wurde ein Goldfaden in der Nähe von Rutherford Mills (England) entdeckt (»Times« in London, 22. 6. 1844, S. 8 und »Kelso Chronicle«, 31. 5. 1844, S. 5).

• In Kalifornien wurde 1851 ein abgebrochener Eisennagel in einem Quarzbrocken gefunden. *Unter* dem Titel »Ein Rätsel für die Geologen« berichtete die London »Times« (24. 12. 1851, S. 5) über diesen Fund."

Es folgen noch Bilder aus seinen Büchern:

Aus Dokumentation 3): acht Bilder mit Text, Beweise für die Sintflut.

Aus Dokumentation 4): fünf Bilder, alles Beweise für die Sintflut.

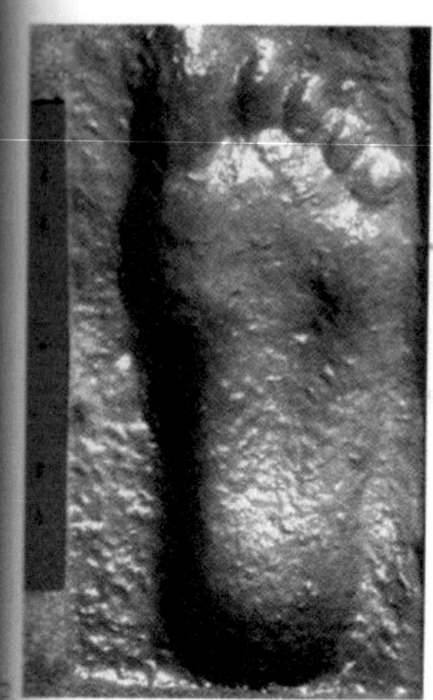

73

72 *Der von dem Geologen Billy Caldwell gefundene menschliche Fußabdruck gilt bei Kritikern als zu perfekt. Dieser Abdruck wurde in ursprünglichem Kalkstein gefunden, der mit Fossilien durchsetzt war.*

73 *Der Detweiler genannte Fußabdruck ist schmaler als der Caldwell. Man erkennt alle fünf numerierten Zehen.*

74 *Ein versteinertes Nest mit Dinosauriereiern aus Florida. Man erkennt, daß das Gestein weich gewesen sein muß, da die Eier umschlossen und konserviert sind. Kann dieses Nest lang-sam versteinern?*

74

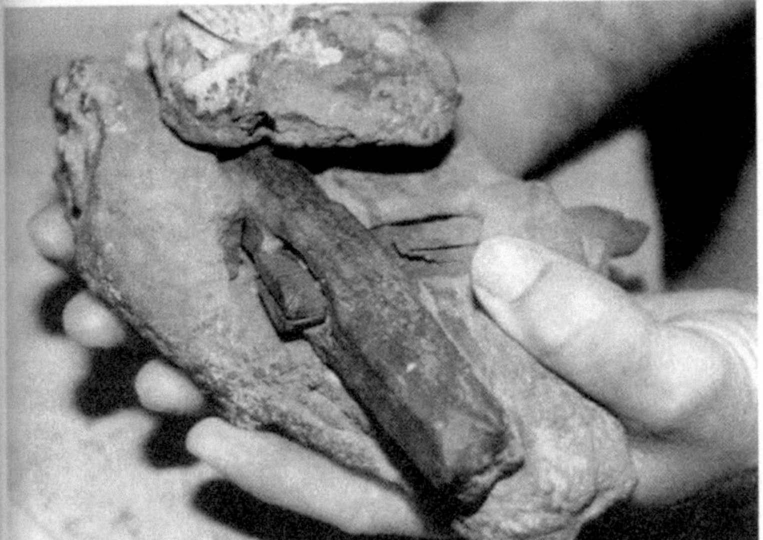

48 *Der Hammer von London (Texas) war komplett in altem Sandstein eingehüllt. Nur der versteinerte Hammerstiel schaute aus dem Felsbrocken heraus. Das Alter des Sandsteins wird auf 140 Millionen Jahre geschätzt.*

49 *Der Hammer ist nach der Öffnung des Steins abgebildet. Vorne am Hammerkopf erkennt man eine kleine Beschädigung als silbrige Stelle, die bis zum heutigen Tag nicht gerostet ist.*

81

82

81 Gefaltene Gebirge, wie in diesem Beispiel nahe des Sullivan River in Kanada, können nur in weichem Zustand verformt worden sein. Wären diese Sedimentschichten kalt verformt worden, müßten Risse zu sehen sein.

82 Ein als Rolle in weichem Zustand verformter Felsen im Split Mountain, Kalifornien.

83 Die Welle am Paria River. Zwei übereinander liegende unterschiedliche Felsformationen. Beide Schichten wurden in nassem Zustand zu unterschiedlichen Zeitpunkten so geformt und erhärteten schnell. Eine langsame Ablagerung von Mikrolebewesen oder langsame Ablagerung von im Flußwasser gelösten Sedimenten kommt als Erklärung für die Entstehung dieser Gesteinsformationen nicht in Frage.

Kapitel 6: Das Geschehen der Sintflut

(wie wir uns dieses Ereignis vorstellen müssen)

Man redet in der modernen Geologie von jungen Gebirgen (Alpen, Himalaya, Anden, Kordilleren, Sierra Nevada, Rocky Mountains, Karpaten, Kaukasus) und von alten Gebirgen oder Rumpfgebirgen (in Deutschland z.B. der Harz, oder im fernen Osten die koreanischen Berge), die man auch Rumpfgebirge nennt. Die jungen Gebirge sind sehr hoch, bis 8000 Meter und mehr über Meer (Himalaya), aber die Rumpfgebirge dagegen sind relativ niedrig, in der Größenordnung von 1000 bis maximal rund 2000 Metern.

Vor der Sintflut gab es nur die Rumpfgebirge, es waren dies die Urgebirge, die bei der Schöpfung vor rund 6000 Jahren entstanden waren. Weiter spricht die Bibel davon, dass es beim Eintritt der Sintflut 40 Tage lang geregnet hat, aber auch, dass sich die Brunnen der Tiefe geöffnet hätten. Es könnte also sein, dass sich der Meeresboden gehoben hat und dass sich die Meereswasser in riesigen Sturzfluten oder Tsunamis über die ganze Erde ergossen und riesige Mengen von Erdreich fortspülten und an andern Orten wieder ablagerten und dass diese Wasser schließlich auch die höchsten Berggipfel bedeckten, wie die Bibel sagt, die Berge, die ja damals noch in der Größenordnung von 1000 bis höchstens 2000 Metern waren (die sog. Rumpfgebirge). Henry M. Morris vermutet bei den Brunnen der Tiefe unterirdische Seen, die bei Eintritt der Flut ihre Wasser ausstießen, genau wie die Bibel sagt.

Aber Gott hatte schon gewusst, wie Er das machen muss: Er hatte einst die Erde und die Welt aus dem Nichts auf übernatürliche Art erschaffen, allein durch sein Machtwort und diese Macht hatte Er nicht verloren!

Aber am Ende der Sintflut mussten die Wasser der Sintflut durch die Weltmeere wieder aufgenommen werden, d.h. der Meeresboden musste sich absenken, wobei die dabei verdrängte Erdmasse unter diesem Meeresbodens, zu den jungen Gebirgen, überall an den Rändern dieser Weltmeere, sich auftürmte. Das betrifft die Kordilleren und die Anden in Südamerika, die Sierra Nevada und die Rocky Mountains in Nordamerika. Der indische Subkontinent scheint dabei gegen den asiatischen Kontinent gestoßen worden zu sein und den Himalaya aufgetürmt zu haben, und Italien an Europa unter Emporheben der Alpen, usw.! Man weiß ja heute, dass die Kontinente driften, so als wäre der Untergrund plastisch, infinitesimal zwar, in der Größenordnung von Millimetern pro Jahr.

Man kann sich nun fragen, wie konnte es auf der ganzen Erde 40 Tage lang ohne Aufhören regnen? Auf Grund der Bibelstelle 1. Mose 1.6-8. wo es heißt, dass Gott eine Feste, den Himmel, machte und einen Teil des Wassers über der Feste und den andern Teil Wassers unter der Feste anordnete, postuliert Henry M. Morris in seinem Buch, dass sich über der Luft-Atmosphäre eine Wasserdampf-Atmosphäre müsse befunden haben. Wasserdampf ist ja leichter als Luft. Bei niedrigem Luftdruck siedet das Wasser schon bei Zimmertemperatur, bei normalem Luftdruck bei 100 Grad und bei noch höherem Druck bei noch höheren Temperaturen. Damit aber Wasserdampf auch bei niedrigeren Temperaturen noch als Gas existieren konnte, vermutet Henry Morris, dass dieser Wasserdampf sich in einen metastabilen Zustand müsse befunden haben, wie man z.B. Ähnliches von unterkühlten Flüssigkeiten kennt. Das Phänomen der unterkühlten Flüssigkeiten ist, dass bei Temperaturen, wo diese Flüssigkeiten eigentlich im festen Aggregatszustand sich befinden müssten, diese trotzdem immer noch flüssig sind.

Echter Wasserdampf ist ja ein Gas und unsichtbar. Das was beim Kochen oben sichtbar aus der Pfanne entweicht ist zum größten Teil bereits schon wieder Nebel (feinste kondensierte Wassertröpfchen, die in der Luft schweben und das sich weißlich ansieht).

Diese schützende und unsichtbare Wasserdampfhülle hätte auf der Erde ein paradiesisches Klima ermöglicht, ohne die Turbulenzen, Winde und riesigen atmosphärischen Wirbel, die wir heute haben, sodass sogar an den Polen Palmen wuchsen, wie man gefunden hat. Gemäß der Bibel gab es vor der Sintflut keinen Regen, sondern durch die Abkühlung in der Nacht entstand ein Dunst, der die Erde wässerte (siehe 1. Mose 2.5-6).

Diese schützende Wasserdampfhülle soll in den ersten 40 Tagen vom Himmel heruntergekommen sein, wie Henry M. Morris vermutet, sodass nach der Sintflut ein ganz anderes Wetter, mit Winden und großen atmosphärischen Wirbeln sich präsentierte. Henry Morris stützt sich dabei auf die Bibelstelle in 1. Mose 9.13-17, vom Ende der Sintflut, als Gott den Regenbogen entstehen ließ, als Zeichen Seines Bundes mit den Menschen, mit andern Worten heißt das auch, dass es während und nach der Sintflut zum ersten Mal richtig geregnet hat, denn ein Regenbogen ist nur bei Sonne und Regen möglich!

Aus 1. Mose 8.22 könnte man auch schließen, dass es die Jahreszeiten erst seit der Sintflut gibt. Die Jahreszeiten gibt es ja nur darum, weil die Erdachse ca. 23 Grad gegen die Umlaufebene um die Sonne, geneigt ist. Gab es da eine kosmische Kollision, die die Sintflut auslöste, wie Hans-Joachim Zillmer vermutet und auch Hinweise präsentiert (in seinem Buch „Darwins Irrtum", siehe Dock. 3)?

Als der Verfasser in die Mittelschule ging, hatte er einen großen Wissensdurst und las da all die populärwissenschaftlichen Bücher über Geologie und Evolution, die es in unserer Schulbibliothek gab und er erinnert sich, in einem solchen Buch gelesen zu haben, dass die großen Flugdrachen bei dem Luftdruck von rund 1 at, den wir heute haben, nicht hätten fliegen können, sondern dass es dafür Atmosphärendrücke von vielleicht 4 - 6 at gebraucht hätte. Wenn wir also einen Wasserdampfmantel über der Atmosphäre, entsprechend 30 – 50 Metern Flüssigwasser gehabt hätten, so gäbe das einen Druckzuwachs von 3 bis 5 at (10 Meter Wasser geben 1 at). Dies würde die Vermutung von Henry M. Morris von einer Wasserdampfatmosphäre über der normalen Atmosphäre stützen.

Dies könnte auch die lange Lebensdauer der Menschen vor der Sintflut erklären, denn durch den Wasserdampfmantel wären die Menschen von der schädlichen kosmischen Strahlung abgeschirmt gewesen, die als für die Alterung mitverantwortlich angesehen wird.

Danach müsste vor der Sintflut durch die Schirmwirkung der Wasserdampfatmosphäre auch um eine Größenordnung weniger von dem radioaktiven Isotop C14 des Kohlenstoffs C12 gebildet worden sein. Dies hätte zur Folge, dass die Altersbestimmungen nach der C14 - Methode von Fossilien vor der Sintflut um eine Größenordnung zu alt datiert würden.

Man hat in Frankreich Höhlen gefunden mit riesigen Tiermalereien an den Wänden, die mit der C14-Methode auf mehrere Zehntausend Jahre bestimmt worden sind. Wenn aber moderne Forschungen ein Erdalter von rund 10'000 Jahren oder darunter angeben, so können diese Malereien nicht so alt sein, also könnte es diese Wasserdampfatmosphäre gemäß der Vermutung von Henry M. Morris vor der Sintflut und auch gemäß dem Schöpfungsbericht der Bibel wirklich gegeben haben.

Man muss weiter annehmen, dass die ersten Jahrhunderte nach der Sintflut von starker vulkanischer Tätigkeit begleitet waren, wegen den geostatischen Anpassungen überall auf der Erde (Auftürmen der jungen Gebirge), die nicht so schnell zu Ende waren. Es gibt z.B. Berichte, dass die Emporhebung der Anden in Südamerika noch bis in neuere historische Zeit hinein angedauert habe. Vom Ausbruch des Vulkans Krakatau im 19. Jahrhundert wissen wir, dass dabei die ganze Atmosphäre weltweit von vulkanischem Staub verunreinigt wurde, der die Sonneneinstrahlung so stark abschirmte, dass deswegen mehrere kalte und nasse Sommer mit Missernten folgten.

Die Geologie kennt ja die sog. Eiszeiten. In unserer Vorstellung hat diese starke vulkanische Tätigkeit nach der Sintflut, die Atmosphäre über mehrere Jahrhunderte andauernd und derart stark verunreinigt, dass infolge reduzierter Sonneneinstrahlung viel Niederschlag und große Kälte entstand, welche riesige Vereisungen und Vergletscherungen, in den Polarzonen bis weit hinein in die gemäßigten Zonen, überall auf der Welt zur Folge hatten, sodass starke und rasch fließende Gletscher entstanden, die die sog. „Gletschertäler" in relativ kurzer Zeit aushobelten. Man darf auch ruhig annehmen, dass in den ersten Jahrhunderten nach der Sintflut, die abgelagerten Gesteinsschichten noch relativ weich waren. Heute, rund 4500 Jahren nach der Sintflut sind diese, besonders die Kalkgesteine, hart wie Beton.

Man kann sich nun fragen, wie sind all diese Tiere zu Noah in die Arche gekommen? Aus 1. Mose 6. 12-22 entnehmen wir, dass Gott selbst dem Noah befahl, eine Arche zu bauen und ihm auch deren Dimensionen vorgab (denn Gott allein wusste wie viel Platz diese Tiere brauchten): 150 Meter lang, 25 Meter breit und 15 Meter hoch sollte sie sein, mit 3 Stockwerken und vielen Kammern, sicher wegen den Löwen, Tigern, Leoparden und den anderen Raubtieren.

„Aus Tannenholz sollst du sie bauen und inwendig und auswendig mit Pech verpichen und ganz oben rund herum ein 50 cm hohes Fenster machen."

Die Türe musste er an der Seitenmitte machen. So entstand in der Mitte der Arche ein grosser, 15 Meter hoher und auch breiter Raum mit den Treppen zu den Stockwerken, wo er auch die Giraffen mit ihren langen Hälsen unterbringen konnte.

Die Bibel erzählt uns, dass die Tiere paarweise kamen, je ein Männchen und ein Weibchen von jeder Tierart, nur von den Opfertieren kamen je 7 Paare. Und sie kamen, alle getrieben von Gottes Geist, und ganz zahm kamen auch die Raubtiere daher, auch getrieben von Gottes Geist! Auch die Vögel kamen paarweise angeflogen und nisteten überall im Kasten, so wie die Schwalben es in Scheunen tun.

„Und du sollst auch Nahrung für all diese Tiere sammeln und in die Arche tun". Wir denken, dass er für die Raubtiere Pökelfleisch in Fässern zubereitete, für die übrigen Tiere wohl getrocknetes Gras, Getreide, Rüben, Kartoffeln usw.!

Als die Sintflut begann und all die Tiere samt Noah und seiner Familie in der Arche drin waren, schloss Gott selber die Türe der Arche zu, sagt die Bibel und dass die Sintflut ungefähr ein Jahr dauerte.

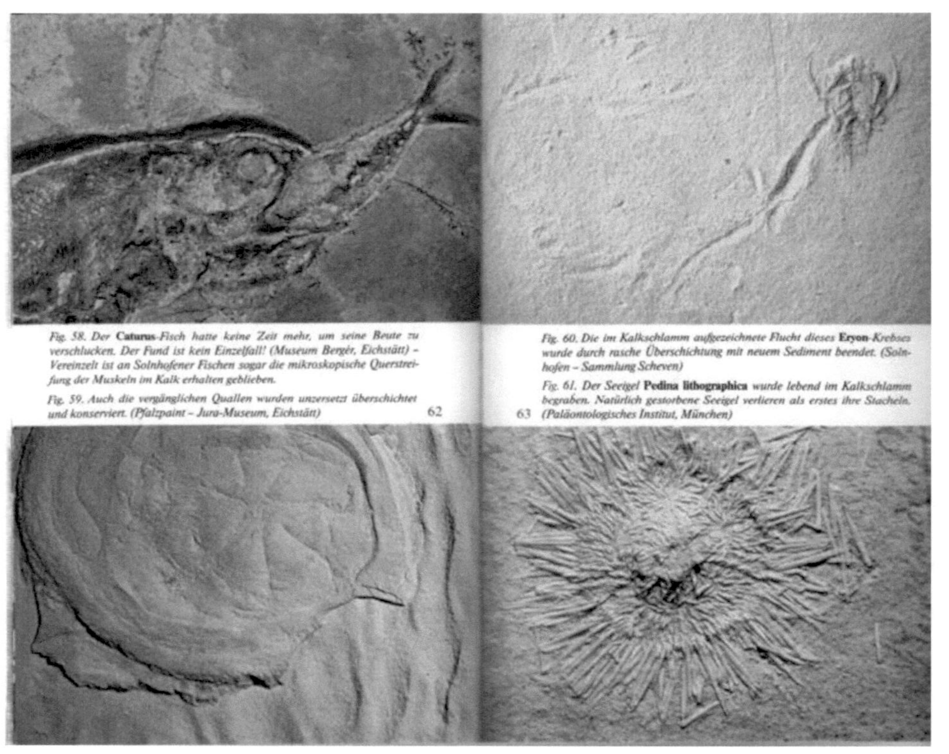

Fig. 58. Der **Caturus**-Fisch hatte keine Zeit mehr, um seine Beute zu verschlucken. Der Fund ist kein Einzelfall! (Museum Bergér, Eichstätt) – Vereinzelt ist an Solnhofener Fischen sogar die mikroskopische Querstrei-fung der Muskeln im Kalk erhalten geblieben.

Fig. 59. Auch die vergänglichen Quallen wurden unzersetzt überschichtet und konserviert. (Pfalzpaint – Jura-Museum, Eichstätt)

Fig. 60. Die im Kalkschlamm aufgezeichnete Flucht dieses **Eryon**-Krebses wurde durch rasche Überschichtung mit neuem Sediment beendet. (Soln-hofen – Sammlung Scheven)

Fig. 61. Der Seeigel **Pedina lithographica** wurde lebend im Kalkschlamm begraben. Natürlich gestorbene Seeigel verlieren als erstes ihre Stacheln. (Paläontologisches Institut, München)

Kapitel 7:
„Nichts Neues unter der Sonne"
(Pred.1.9)

Aus den Apokryphen zum Buch Daniel, frei nacherzählt:

„Es gibt nichts Neues unter der Sonne": Was heute passiert, ist schon früher passiert! Nachfolgende Geschichte geschah im alten Babylon! Damals gab es noch keine allgemeine Schulbildung wie heute, aber dafür eine autoritäre Priesterklasse und Regierung; darum konnte das Volk noch auf recht plumpe Art belogen und betrogen werden! Heutzutage, wo jedermann eine Schulbildung und Kaderleute meist eine höhere Schulbildung haben, ist solcher Betrug nicht mehr so einfach!

Heute muss ein paar Stufen raffinierter vorgegangen werden und wie dies in unseren Tagen gemacht wurde und wird, haben wir in diesem Essay und dieser Rezension dem Leser, wie wir glauben, recht anschaulich vor Augen geführt.

Die vorliegende Geschichte passierte in der Zeit der babylonischen Gefangenschaft, als ganz Judäa, zum Mindesten alles was Rang und Namen hatte, durch König Nebukadnezar nach Babylon abgeführt worden war und 70 Jahre in einem fremden Lande, wie gefangen festsassen.

Der König liess damals aus den Gefangenen unter den Jünglingen die intelligentesten und gewandtesten auswählen, damit diese Schulung und Bildung erhielten und nachher in des Königs Dienste gestellt würden, und da, in ihrer Karriere, bis zu den engsten Vertrauten und Beratern des Königs aufsteigen konnten.

Daniel war unter diesen jungen Männern einer, der es bis zum allerengsten Vertrauten des Königs brachte. So war Daniel bei mehreren aufeinanderfolgenden Königen im Dienste, auch als das Königreich an die Meder und Perser fiel, bis zu deren König Kores oder Kyros, unter dessen Herrschaft die Juden wieder in ihr Land zurückkehren konnten. Aber unsere Geschichte passierte vor dieser Rückkehr.

Durch verschiedene Wunder, die Gott besonders in den ersten jener 70 Jahre geschehen liess, wie sie im Buch Daniel berichtet werden, wusste man in Regierungskreisen von Daniels Gott, dem Gott der Himmel und Erde und das Universum erschaffen hatte. Auch der König wusste das, aber trotzdem ging der König täglich in den Tempel des Bel, des Götzen Babylons, um diesen Götzen anzubeten! Da bat der König den Daniel eines Tages, doch auch einmal mit ihm zum Hause Bels zu kommen, um einmal auch diesen Gott anzubeten, der ja jede Nacht 30 Zentner Mehl und 40 Schafe verspeiste und dazu jedes Mal 240 Liter Wein trank. Daniel lachte und sagte zum König, dass der Bel innen aus Ton und auswendig aus Bronze bestehe und gegessen oder getrunken hätte er noch nie.

Da rief der König die Priester zusammen von denen es 70 (ohne Frauen und Kinder) gab, und sprach zu ihnen: „Wenn ihr mir nicht beweisen könnt, das Bel diese Mengen verzehrt, müsst ihr sterben, im andern Fall muss Daniel sterben, weil er den Bel beleidigt hat".

„So soll es geschehen" rief Daniel.

Die Priester sagten dann zum König: „Wir werden jetzt hinausgehen. Leg du die Speisen und Weinkrüge vor Bel nieder; darauf schliessest du die Tür und versiegelst sie mit deinem Ring. Wenn du morgen früh kommst und Bel hat nicht alles verzehrt, so wollen wir sterben; andernfalls muss Daniel sterben, der uns verleumdet hat". Sie waren zuversichtlich, weil sie unter dem Opfertisch, im Boden, einen geheimen Gang und verborgenen Ausgang angelegt hatten.

Die Priester gingen hinaus und der König brachte die Speisen für Bel. Daniel aber hatte seinen Dienern befohlen, Asche zu holen und sie dann fein gesiebt im ganzen Tempel zu verstreuen. Nur der König war Zeuge davon! Als sie mit allem fertig waren, gingen sie hinaus, schlossen die Tür, versiegelten sie mit dem Ring des Königs und gingen weg.

Frühmorgens kam der König mit Daniel. „Sind die Siegel noch heil?" fragte der König und Daniel bejahte es. Als die Tür geöffnet wurde, erblickte der König den leeren Tisch vor Bel und rief: „Gross bist du Bel, bei dir gibt es keinen Betrug!" Daniel aber lachte und hielt den König zurück und sprach: „Schau auf den Fussboden! -- Was sind denn das für Fussspuren?" -- Und der König sah es und liess voll Zorn die Priester herbeiholen, die ihm den geheimen Gang zeigen mussten, durch den sie in der Nacht in den Tempel gekommen waren. Darauf liess er sie töten und den Götzen Bel übergab er dem Daniel, der ihn samt seinem Tempel zerstörte.

Diese Geschichte ist ein Replikat von dem was heute geschieht und geschah! Ziehen wir die Parallelen zu heute! Der heutige Kult heisst Evolutionsglaube, ihre Priester sind die führenden Geologen und Evolutionisten, die überall gut dotierte Posten innehaben. Die 30 Zentner Mehl, die 40 Schafe und die 240 Liter Wein bedeuten die gut honorierten Saläre dieser Evolutionisten, wo das Meiste aus Steuergeldern kommt! -- Also hier wie dort wird und wurde die Öffentlichkeit von einer sog. „Elite" betrogen und diese Öffentlichkeit muss mit ihren Steuern diese Leute für ihren Betrug erst noch mit **fürstlichen Gehältern bedenken! -- Aha, nichts Neues unter der Sonne!!!**

Fig. 42. Sandstein mit Kreuzschichtung. Dicke Schichtpakete der Permo-Trias wurden offensichtlich innerhalb von Stunden abgelagert. Dawlish, Devonshire.

Kapitel 8:
Beide, biblischer Glaube und Naturwissenschaft, werden experimentell bewiesen!

Der erstaunte Leser wird nun sagen: So etwas habe ich noch nie gehört, noch nie ich habe gehört, dass Glauben bewiesen werden kann! Aber wir sprechen hier nicht von traditionellem Glauben, wie er aus den Kirchen allgemein bekannt ist, sondern wir sprechen hier vom **echten biblischen Glauben,** wie er nur in sehr guten Freikirchen und vielleicht noch in einzelnen traditionellen Kirchen (katholisch oder reformiert) gefunden werden kann.

Was den Beweis betrifft, da sagen wir dem erstaunten Leser: „Beide „Disziplinen" werden auf die gleiche Art bewiesen, nämlich durch das Experiment! Da besteht überhaupt kein Unterschied!!! -- Beim biblischen Glauben geht es um die geistige, die übernatürliche oder übersinnliche Welt, bei den Naturwissenschaften geht es um die natürliche Welt, die Natur.

In den Naturwissenschaften kann man kein einziges Naturgesetz allein durch Nachdenken finden, sondern es braucht dazu immer das Experiment**, denn allein das Experiment beweist uns, ob unsere Gedanken bezüglich eines Naturgesetzes richtig oder falsch sind!** Beim biblischen Glauben ist es nicht anders, sondern **haargenau** gleich!!!

Nun, wir können nur indirekt beweisen, dass die Geschichten in der Bibel stimmen, denn das ist Überlieferung, genau wie jede andere geschichtliche Überlieferung. -- Aber, wenn wir beweisen können, dass die Bibel Gottes Wort ist und unter der Inspiration des Heiligen Geistes geschrieben worden ist, dann müssen wir annehmen, dass die biblischen Geschichten stimmen, denn die gleiche Bibel sagt auch, dass Gott wahrhaftig ist und nicht lügt oder irreführt! Aber wie finden wir das heraus??? Das zeigt uns der nächste Abschnitt:

Gott finden und aus Glauben leben, wie kommen wir dahin?

Hier liegt wohl das grösste Manko unserer Zeit!

Die Bibel lehrt, dass Gott gnädig und barmherzig und voller Liebe und Güte ist, gegen die, die ihre Sünden bereuen, umkehren und Jesus Christus in ihr Herz einladen und aufnehmen und Seinen Kreuzestod als stellvertretende Strafe für ihre Sünden annehmen, -- und daraus resultierend -- die Freude der Vergebung und der Liebe Gottes dann auch im eigenen Herzen erfahren dürfen, die Gott (anstatt einer Strafe) in ihre Herzen ausgiesst. Solches Erleben beweist dann aber auch, dass die Bibel tatsächlich Gottes Wort ist, denn sonst würde solches nicht geschehen!

Der Verfasser hat dies selbst erlebt und bekennt: Wir dürfen so sein, wie wir sind, Gott selbst schafft in uns, sowohl das Wollen als auch das Vollbringen, denn die Bibel sagt auch Folgendes:

„Ist jemand in Christo, so ist er eine neue Kreatur, das Alte ist vergangen, siehe, es ist alles neu geworden" und „Christus lebt in uns"! -- Aber wir müssen solches auch glauben, auch dann wenn wir vorerst nichts davon sehen oder verspüren! Jesus Christus hat in seiner Versuchung in der Wüste dem Teufel geantwortet: „Es steht geschrieben, indem er dzu das passende Bibelwort zitierte" und dieses Bibelwort hatte den Teufel besiegt. Das ist die Kraft des Wortes Gottes!!! Und genau so müssen wir es auch machen, so werden wir's schliesslich auch erleben!

Gott will uns in allen unseren Unternehmungen führen und leiten, sodass wir keine Fehler machen, denn Er kennt auch die Zukunft! Darum, lasst uns uns von Ihm führen und leiten!!! -- Da müssen wir oft unseren eigenen Willen dran geben und in Seine Hände legen!

Er gibt uns Selbstwert, macht uns erfolgreich und schenkt uns auch, dass wir uns ganz „high" (hoch) fühlen dürfen, „high" nicht durch Kokain oder Drogen, sondern „high" durch Gottes Geist. Auch uns hat Gott die Ideen und die Inspiration und grosse Freude gegeben!"

Wir können mit Gott reden (beten) und Er antwortet uns!

Christ sein ist nicht so schwer, wie es aussieht! -- Aber, -- solches kommt **nur** durch Glauben, durch den Glauben an das, was die Bibel bezüglich unserer Stellung zu Gott sagt. Mit andern Worten, lasst uns täglich in der Bibel lesen und wir werden immer besser und besser verstehen!!!

Leben aus Glauben ist für uns Menschen **eine ganz neue Disziplin**, eine Disziplin, die uns nicht angeboren ist und die wir darum erst erlernen müssen, die biblischen Beispiele geben uns dazu den nötigen Glauben!

Die Bibel sagt in Jeremia 29.13-14. zum Volk Israel: „So ihr mich von ganzem Herzen suchen werdet, so will ich mich von euch finden lassen." Das gilt auch für uns!

Solches Erleben ist die experimentelle Erfahrung, der experimentelle Beweis der geistigen und übersinnlichen Welt und ist ebenso überzeugend und gleichwertig wie das Experiment in den Naturwissenschaften!

Die Bibel sagt aber auch, dass der Unglaube ewige Konsequenzen hat und sie gibt gleich auch ein Bespiel von den Qualen in der Hölle: Lukas 16.19-31. Darum lieber Leser, sei klug und merke auf das, was wir geschrieben haben!

Auch die Prophetie beweist die Wahrheit der Bibel.

Es gibt heute rund 50 Millionen Menschen auf der Flucht, infolge von nicht enden wollenden Kriegen überall auf der Welt. Genau das und noch vieles mehr, ist auf die heutige Zeit, die wir als Endzeit betrachten können, prophezeit: Gottlosigkeit, Unmoral, Gesetzlosigkeit und wer an Gott glaubt wird ausgegrenzt.

In den USA gibt es Bundesstaten, die Homoehe nicht offiziell gestatten wollen, aber nun werden sie durch das höchste Gericht der USA gezwungen, die Homoehe zu erlauben: Ein Grund für die Schweiz, sich nicht ausländischen Gerichten zu unterstellen!

Unsere moderne Zeit, die durch die Evolutionslehre mit einer Erdgeschichte von Jahrmillionen geprägt ist, ist auch in der Bibel vorausgesagt, nämlich in Offenbarung Kapitel 6, durch die ersten vier Siegel mit den sog. vier apokalyptischen Reitern, die die Endzeit einläuten:

Das erste Pferd, das weisse Pferd und „der darauf sass" stellt die Evolutionslehre dar: Weiss bedeutet Erkenntnis, Klarheit und genau so kommt diese Lehre ja daher. Ihm wurde gegeben ein Bogen (um auf alles zu schiessen, das ihm entgegen war und genau so wurde es auch gemacht) und eine Krone und er zog aus um zu siegen und genau das ist ja passiert, die Evolutionslehre ist die heute glanzvoll herrschende Weltanschauung, die den biblischen Glauben durchlöchert hat.

Ihm folgte ein rotes Pferd und dem ward gegeben den Frieden von der Erde wegzunehmen. Rot ist die Farbe des Kommunismus und Karl Marx hatte in der Präambel seines Buches „Das Kapital", Darwin als seinem vorzüglichsten Lehrer geehrt. Darwin lehrte ja, dass die schlechten Mutationen durch die guten Mutationen im Lebenskampf ausgeschieden würden und so wollte der Kommunismus der Natur nachhelfen und rottete darum alles aus, was dem Kommunismus suspekt oder entgegen war, um eine kommunistische Menschenrasse heranzuzüchten.

Das dritte Pferd ist schwarz und das bedeutet Hunger und überall, wo der Kommunismus herrschte gab es Hunger, und das gibt es sogar noch heute im kommunistischen Nordkorea. Hunger gibt es aber nicht nur dort, wo der Kommunismus geherrscht hat, sondern auch an andern Orten, besonders in Afrika.

Das vierte Pferd ist aschfahl und das bedeutet Tod. Tod gibt es, wo Hunger herrscht, aber auch in den Kriegen überall auf der Welt und auch dort, wo der Terrorismus seine Opferholt.

Schlusswort

Die historische Geologie ist eine Wissenschaft, die ohne Beweise auskommt! Sie geht unausgesprochen oder auch ausgesprochen davon aus, dass es keinen Gott gibt und auch dafür hat sie keine Beweise!

Aber irgendwie muss es ja geschehen sein, dass die Welt so aussieht, wie sie heute aussieht. Also schaut man sich die Gesteine gut an und bastelt sich daraus surrealistische Märchen mit Millionen von Jahren und präsentiert diese Märchen bei jeder sich bietenden Gelegenheit in den Medien, ungeachtet davon, dass es schon seit vier bis fünf Jahrzehnten eine ganze Reihe unwiderlegbarer Beweise für eine junge Erde gibt und, dass es ausser Fälschungen, nie echte Beweise für eine Evolution gegeben hat, aber viele Beweise dagegen!

Die Evolutionisten können mit Leichtigkeit und Überzeugung überall in den Medien auftreten, denn weder sie selbst, noch die Öffentlichkeit, noch die Medien wissen um die modernen Forschungsergebnisse und, dass die Evolution keine echten Beweise hat! Die durchschnittlichen Evolutionisten wissen nämlich nicht, dass das ihre wahre Situation ist, nur ein paar eingeweihte Top-Fachleute wissen das!

Und die Leute, die sich diese Lehren anhören, sind erstaunt darüber, was diese „Wissenschaft" alles „herausgefunden" haben soll und bewundern diese „wissenschaftlichen Erkenntnisse"!!!

Das erinnert uns ganz an die Geschichte im alten Babylon, wo der Götze jede Nacht 30 Zentner Mehl und 40 Schafe verspeiste und dazu 240 Liter Wein trank und wo das Volk das alles glaubte und sich fürchtete und verwunderte über ihren „grossen" Götzen! So konnten ihre Priester jeden Tag mit Leichtigkeit und grossem Selbstvertrauen, problemlos ihre tägliche und üppige Versorgung einziehen! -- **Nichts Neues unter der Sonne!** -- **Der ursprüngliche Titel für unser Büchlein lautete nämlich „Die moderne Hirnwäsche"!**

Als Beispiel solcher Hirnwäsche erschien kürzlich auf der Webpage des Schweizerischen Fernsehens folgender Beitrag:

Infografik: So entstand das Matterhorn, www.srf.ch

Aktualisiert am Samstag, 11. Juli 2015, 12:31 Uhr

Richard Müller und Samantha Bosshard

8_Mal auf Facebook geteilt (externer Link, Popup)

1_Mal auf Twitter geteilt (externer Link, Popup)

14_SRF Likes

11 Kommentare

Das Matterhorn – vor 150 Jahren das erste Mal bestiegen. Der Berg fasziniert und hat eine Strahlkraft weit über unsere Landesgrenzen hinaus. Doch wie und wann entstand der Berg, dem man nachsagt, ein Stück Afrika im Herzen Europas zu sein?

Dieser Link öffnet das Video in einem neuen Fenster.: Video «Warum das Matterhorn zu Afrika gehört (Animation)» abspielen. Dieser Link öffnet das Video

Warum das Matterhorn zu Afrika gehört (Animation)

0:27 min, vom 10.7.2015

Das Auseinanderbrechen des Urkontinents Pangäa und die anschliessende Drift von Afrika gegen Europa markiert den Beginn der Alpenbildung. Dieser Prozess ist noch nicht abgeschlossen, sondern hält bis heute an. Dies gilt auch für das Matterhorn. Die Animation erklärt die Entstehung des Alpen und auch des Matterhorns (siehe Buchstabe M) in vier Schritten:

1. Bis vor 100 Millionen Jahren driften der Nordkontinent Eurasien – bestehend aus Europa und Asien – sowie der Südkontinent, bestehend aus Afrika und Adria, auseinander. Dazwischen öffnet sich ein Ozean, den es heute nicht mehr gibt – die Tethys. Dazu gehörte unter anderem auch das sogenannte Piemont-Ozeanbecken und eine halbinselartige Erhöhung, die Briançon-Scholle heisst.

2. Vor 100 Millionen Jahren kehrt nun Afrika und Adria die Richtung um und driftet wieder gegen Europa zu. Dabei wird als erstes das Piemont-Becken unter den Südkontinent Adria/Afrika subduziert. Mit anderen Worten: Die ozeanische Kruste des Piemont-Ozeanbeckens taucht quasi unter den Kontinent ab.

3. Dies bleibt nicht ohne Konsequenzen: In der Knautschzone wird auch ein Teil der dazwischenliegenden Briançon-Scholle verschluckt, überschoben und anschliessend grossräumig gefaltet. Vor rund **40 Millionen Jahren** kommt es zum grossen Zusammenstoss der Kontinente Eurasien und Afrika. Dies hat zur Folge, dass die ganze Kruste an dieser Stelle dicker wird – rund 50 bis 60 Kilometer. Die im Gebirgsbau stecken gebliebene Briançon-Scholle ist spezifisch leicht und wird nun nach oben gedrückt. Das ganze Gebirge hebt sich und wird gleichzeitig durch die Schwerkraft, Wasser und Gletschereis abgetragen.

4. Die Erosion hat das Matterhorn in seiner heutigen Form freigelegt. Die Grenze zwischen dem ehemaligen Piemont-Ozeanbecken und der Afrikanisch/Adriatischen Platte verläuft genau durch Matterhorn und ist als eine schwarze Linie im Gelände an der Basis des Matterhorns erkennbar. Der Berg ist also ein Erosionsrelikt der Afrikanisch/Adriatischen Platte. Die Gebirgsbildung geht weiter, das Gebiet hebt sich auch heute noch mit bis zu 1,5 mm pro Jahr. Das macht 1,5 Kilometer in einer Million Jahren.

Dokumentation

1.) "The Genesis Flood, the Biblical Record and its Scientific Implications"
by John C. Whitcomb Jr., Th.D. Professor of Old Testament, Grace
Theological Seminary, Winona Lake, Indiana and
by Henry M. Morris, Ph.D., Professor and Head, Dept. of Civil Engineering, Virginia Polytechnic Institute, Blacksburg, Virginia Presbyter-
ian and Reformed Publishing Company Philadelphia, Pennsylvania,
1961.

2.) „Unsere Erde - ein junger Planet - das Ende einer Legende",
von Eduard Ostermann, Hänssler Verlag Neuhausen-Stuttgart, 1983.

3.) Die neuesten deutschsprachigen Bücher über dieses Thema, ge-
schrieben von dem Erfolgsautor Hans-Joachim Zillmer, Verlag Langen
Müller:
„Die Evolutionslüge", 1998, 7. Auflage 2004, 3,5 cm dick
„Darwins Irrtum", 1998, 6. Auflage 2004,   3,4 cm dick!
„Irrtümer der Erdgeschichte", 2001, 3. Auflage 2003,
„Dinosaurier Handbuch", 2002,
„Kolumbus kam als letzter", 2004,

4.) „Daten zur Evolutionslehre im Biologieunterricht", von Joachim Scheven,
Buchreihe „Wort und Wissen", Hänssler Verlag Neuhausen-Stuttgart

5.) Von Bruce Mallone, einem amerikanischen Topwissenschaftler,
(am 7. Okt. 2013 interviewt und kommentiert auf www.sidroth.org):
"Censored Science, the Suppressed Evidence"
"Inspired Evidence,", je 1 Abschnitt für jeden Tag des Jahres
"A Closer Look at the Evidence"
"Search for the Truth"
"Explosive Geological Evidence for Creation", Video
"Monkey Business (The search for man's ancestor), Video
"A Matter of Time (How dating methods work), Video
"Creation 101 (Two foundational lectures), Video

6.) „Stolpersteine des Darwinismus" (1) & (2), von Wolfgang Kuhn
Factum -Taschenbuch Nr. 105 & 106
Buchreihe „Wort und Wissen", Hänssler Verlag Neuhausen-Stuttgart

7.) „Fossilien und Evolution, Fakten hundert Jahre nach Darwin", von Duane T. Gish, Buchreihe „Wort und Wissen", Hänssler Verlag Neuhausen-Stuttgart .

8.) „Karbonstudien, neues Licht auf das Alter der Erde", von Joachim Scheven Buchreihe „Wort und Wissen", Hänssler Verlag Neuhausen-Stuttgart " 1986, mit einem 3-seitigen Verzeichnis von Forschungsberichten, enthaltend einen Nachweis von über 100 Forschungsberichten.

9.) „Entstehung und Geschichte der Lebewesen", von Reinhard Junker/Siegfried Scherrer Weyel Lehrmittelverlag Giessen, unter Mitarbeit von:

> Chem.-Ing. Harald Binder,
> Prof. Dr. med. Erich Blechschmidt,
> Dipl.-Biol. Sigrid Hartwig-Scherer;
> Prof. Dr. rer. nat. Hermann Schneider,
> Manfred Stephan Kernen,
> Priv.-Doz. Dr. rer. nat. Roland Süssmuth,
> Richard Wiskin

10.)   „Entstehung und Geschichte der Lebewesen", von Reinhard Junker/Siegfried Scherrer Weyel Lehrmittelverlag Giessen, unter Mitarbeit von:

Chem.-Ing. Harald Binder,
Prof. Dr. med. Erich Blechschmidt,
Dipl.-Biol. Sigrid Hartwig-Scherer;
Prof. Dr. rer. nat. Hermann Schneider,
Manfred Stephan Kernen,
Priv.-Doz. Dr. rer. nat. Roland Süssmuth,
Richard Wiskin

Eine weitere Publikation des Verfassers:

Internationaler Terror, arabisches Öl und Atomausstieg, ein verborgener Zusammenhang???

Saudi-Arabien unterstützt den internationalen Terrorismus mit Milliarden von Dollars und die US-Regierung duldet das, für Öl, und unterhält sogar freundschaftliche Beziehungen mit den Saudis. Gleichzeitig müssen ihre Jungs, die US-Jungs, zur Terrorbekämpfung in den Krieg ziehen.

Aus zwei Veröffentlichungen in den USA geht hervor, dass seit Jimmy Carter bis und mit Bush Sohn, alle US-Präsidenten und auch hohe Politiker der USA, zig Millionen an Schweigegeldern von den Saudis empfangen haben.

Seit rund 45 Jahren wird die Atomenergie von den Medien und auch von Grün/Rot schlecht geredet. Unser Verdacht: heimliche Zahlungen aus Saudi-Arabien, in Hosentaschen von Medienbossen und Politikern. Das erklärt die jahrzehntelange Medienhetze gegen die Atomenergie!

Klar, um Terror zu finanzieren, muss man Öl, viel Öl verkaufen und dazu muss die Konkurrenz der AKWs ausgeschaltet werden!

In Vorbereitung zur Publikation:

Ein renoviertes internationales Wirtschaftssystem

Es gibt in der Wirtschaft eine grundlegende Beziehung, die an den Wirtschaftsfachschulen ganz offensichtlich übergangen wird und wir denken, dies geschieht darum, weil deren Ergebnisse der Finanzwelt nicht genehm sind.

Darum können die Wirtschaftsfachleute die Wirtschaftskrisen nicht wirklich richtig erklären und wissen auch nicht, wie sie nachhaltig zu beheben wären, weil ihnen das dazu nötige sehr einfache Basiswissen fehlt. In den vergangenen Finanzkrisen kam dies deutlich zum Ausdruck, in den widersprüchlichen und oft gegensätzlichen Empfehlungen, die diese Fachleute abgaben! – Die einzig richtige Empfehlung wurde von niemandem gegeben!

Hier ist eine neue, leicht verständliche Wirtschaftslehre! --
Leicht verständlich darum, weil sie stimmt! -- Eine Wirtschaftslehre, die
sich von den hochgestochenen und schwer verständlichen heutigen
Wirtschaftslehren wohltuend abhebt, sich abhebt von diesen Theorien
um den Brei herum, die nur Teilresultate bringen!!!

Wenn wir unser kapitalistisches und freiheitliches internationa-
les Wirtschaftssystem im Sinne unserer ebenfalls freiheitlichen, aber re-
novierten Wirtschaftslehre umgestalten könnten, würden Wirtschaftskrisen und auch die Armut überall in der Welt, allmählich verschwinden! (ca. 100 Seiten)

Aus Glauben leben, wie kommen wir dahin???

**Beide, sowohl biblischer Glaube wie auch Naturwissenschaft, werden
auf die gleiche Art, nämlich experimentell, bewiesen!**

Das möchten wir dem erstaunten Leser zurufen, es besteht da überhaupt kein Unterschied!!! -- Beim biblischen Glauben geht es um die geistige,
die übernatürliche oder übersinnliche Welt, bei den Naturwissenschaften geht
es um die natürliche Welt, die Natur.

In den Naturwissenschaften kann man kein einziges Naturgesetz allein
durch Nachdenken finden, sondern es braucht dazu immer das Experiment,
**denn nur das <u>Experiment</u> beweist uns, ob unsere Gedanken bezüglich eines Na-
turgesetzes <u>richtig oder falsch</u> sind!** Beim biblischen Glauben ist es nicht anders, sondern <u>haargenau</u> gleich!!!

In diesem fehlenden Wissen liegt wohl das grösste Manko unserer
Zeit!

Die Bibel lehrt, dass Gott gnädig und barmherzig und voller Liebe und
Güte ist, gegen die, die ihre Sünden bereuen, umkehren und Jesus Christus in
ihr Herz einladen und aufnehmen und Seinen Kreuzestod als stellvertretende
Strafe für ihre Sünden annehmen, -- und daraus resultierend -- die Freude
der Vergebung und der Liebe Gottes dann auch im eigenen Herzen erfahren
dürfen, die Gott (anstatt einer Strafe) in ihre Herzen ausgiesst. Solches Erleben
beweist dann aber auch, dass die Bibel tatsächlich Gottes Wort ist, denn sonst
würde solches nicht geschehen! (ca. 20-50 Seiten)